# 航空模型
## 设计与制作

张成茂 ◎ 主 编
郑恩辉 ◎ 副主编
周泉知 陈 鹏 孙成通 ◎ 参 编

電子工業出版社.
**Publishing House of Electronics Industry**
北京 · BEIJING

## 内 容 简 介

航空模型运动因有助于培养人们对航空运动的兴趣、锻炼动手能力及提高个人综合素质，而在国内外广泛流行。进行航空模型运动需要了解许多学科知识，如流体力学、数学、机械设计与制作、飞行器设计与制造等。

本书以航空模型为中心，介绍了航空模型的飞行原理、组成部分、制作过程和相关比赛，以及多旋翼飞机飞行原理、制作和工程应用等。本书共 8 章，分别介绍了航空模型入门基础、航空模型图样、航空模型制作工具、航空模型制作、航空模型放飞、多旋翼飞机飞行原理与制作、多旋翼无人机的工程应用及航空模型比赛。

本书可作为航空航天类专业的基础教材，供本科低年级学生使用；也可供航空模型爱好者参考。

**图书在版编目（CIP）数据**

航空模型设计与制作 / 张成茂主编. —北京：电子工业出版社，2019.4
ISBN 978-7-121-35280-5

Ⅰ. ①航⋯　Ⅱ. ①张⋯　Ⅲ. ①航模－设计②航模－制作　Ⅳ. ①V278

中国版本图书馆 CIP 数据核字（2018）第 240546 号

策划编辑：刘小琳
责任编辑：刘小琳
印　　刷：涿州市京南印刷厂
装　　订：涿州市京南印刷厂
出版发行：电子工业出版社
　　　　　北京市海淀区万寿路 173 信箱　邮编　100036
开　　本：720×1 000　1/16　印张：11.75　字数：210 千字
版　　次：2019 年 4 月第 1 版
印　　次：2025 年 1 月第 25 次印刷
定　　价：58.00 元

凡所购买电子工业出版社图书有缺损问题，请向购买书店调换。若书店售缺，请与本社发行部联系，联系及邮购电话：（010）88254888，88258888。

质量投诉请发邮件至 zlts@phei.com.cn，盗版侵权举报请发邮件至 dbqq@phei.com.cn。

本书咨询联系方式：liuxl@phei.com.cn，（010）88254538。

# 前　言

航空模型运动因有助于培养人们对航空运动的兴趣、锻炼动手能力及提高个人综合素质，而在国内外广泛流行。进行航空模型运动需要了解许多学科知识，如流体力学、数学、机械设计与制作、飞行器设计与制造等。

航空模型是指载人或不载人的、有动力或不带动力的小型航空器，一般包括具有飞行能力的航空模型和用于展览的航空模型。

千百年来，人类一直都在向往着能够飞向天空，人们对飞翔梦想的追逐从来没有间断过。中国古代，有记载的最早研究飞行模型的是鲁班，他根据鸟的飞行状态研制出的木鹊可"三日不下"。近代，莱特兄弟设计的第一架飞机成功起飞，让人们的飞翔梦得以实现。航空模型是人类在探索航空技术的过程中产生的，人们通过坚持不懈的努力，将现代航空模型运动发展成一种有组织、有领导的运动。

前人探索航空技术，主要是利用航空模型进行试验，来研究其飞行原理并设计航空器的。大多数人认为航空模型是航空器的雏形，研究航空模型是一种有效理解航空航天技术的方式。现代航空航天技术飞速发展，航空器结构和系统越来越复杂，一般读者理解起来较为困难，而航空模型恰恰解决了这个问题。航空模型在原理上与真实航空器相近，但其结构并不复杂，读者容易接受。开展航空模型运动有利于开阔读者视野，拓展读者所学知识；有利于激发读者对航空模型的兴趣，进而上升到对航空事业的热爱；更有利于培养读者将理论与实践相结合的能力，增强个人的整体素质。

本书较为系统地介绍了航空模型的相关知识。第 1 章航空模型入门基础，对航空模型的部件做了详细分析，简单介绍了不同类型的航空模型。第 2 章航空模型图样，主要介绍了绘图软件、图样的绘制及轻木机图样的设计方法。第 3 章航空模型制作工具，介绍了制作航空模型常用的工具及其使用方法。第 4 章航空模型制作，详细介绍了 KT 复合板航空模型的制作过程。第 5 章航空模型放飞，介绍了飞行调整的基础知识及放飞技巧。第 6 章和第 7 章主要介绍了多旋翼飞机飞行原理与制作过程，以及多旋翼无人机的工程应用。第 8 章航空模型比赛，主要介绍了航空模型运动的发展、航空模型锦标赛和一些适合大学生参加的航空模型比赛。

由于时间较为仓促、编者能力有限，本书在技术水平、文字表达、内容编排等方面，难免会有错误和遗漏。恳请广大读者批评指正，便于后书的修订。

编　者

2018 年 8 月

# 目 录

● ● ● ● ● ● ● ●

# 第1章

01

# 航空模型入门基础

## 1.1 飞行原理

要了解航空模型，首先我们需要知道飞行原理，也就是要先知道升力是如何产生的？

### 1.1.1 连续性定理和伯努利定理

#### 1. 流体流动的连续性定理

流体流动的连续性定理是描述流体流速与截面关系的定理：当流体连续不断而稳定地流过一个变截面管道时，由于管道中任何一部分的流体都不能中断，也不能挤压起来，因此在同一时间内，流过任意截面的流体质量是相等的，如图 1-1 所示。

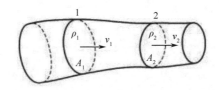

图 1-1  变截面管道

在截面 1 上，单位时间内流体流过的质量为 $\rho_1 v_1 A_1$；在截面 2 上，单位时间内流体流过的质量为 $\rho_2 v_2 A_2$。

根据流体的连续性定理，流过截面 1 的流体质量与流过截面 2 的流体质量相等，即

$$\rho_1 v_1 A_1 = \rho_2 v_2 A_2 \tag{1-1}$$

式中，$\rho$ 是流体密度；$A$ 是横截面积；$v$ 是流体流动的速度。

如果流体是可压缩的，即 $\rho$ 是可变的，那么连续性定理即为：

$$\rho_1 v_1 A_1 = \rho_2 v_2 A_2 = \rho_3 v_3 A_3 = \cdots = \rho_n v_n A_n = 常数 \tag{1-2}$$

如果将流体看作是不可压缩的，此时，连续性定理可以表示为：

$$v_1 A_1 = v_2 A_2 = v_3 A_3 = \cdots = v_n A_n = 常数 \tag{1-3}$$

对于不可压缩的流体，根据连续性定理，当流体经过管道时，流体的流速与截面面积成反比，即在截面面积大的地方流速较慢，在截面面积小的地方流速较快。

在日常生活中可以看到很多类似的现象，如在两栋楼中间的风速比平坦开阔的地方大；在河道中，河道宽的地方水流速度要比河道窄的地方缓慢，这些都是日常生活中的连续性定理。

### 2. 伯努利定理

我们先做一个有趣的小实验。用手并排竖直拿着两张纸，然后用吹风机向两张纸中间吹，会看到两张纸向相向的方向运动。这个实验的原理就是伯努利定理。

伯努利定理的基本内容是：当流体在管道中流动时，流速大的地方压力小，流速小的地方压力大。严格地讲，在管道中，稳定流动的不可压缩的流体，在不与外界有任何能量交换的情况下，管道中各处的动压与静压之和为定值，即

静压+动压=总压=常数　　　　　　　（1-4）

其中，静压是指流体在流动过程中，其本身具有的压力，即流体在静止或做匀速直线运动时表面所受的压力，用 $p$ 表示；动压是指流体在流动时，由于流动产生的附加压力，用 $\frac{1}{2}\rho v^2$ 表示，$\rho$ 是流体的密度，$v$ 是流体的速度，即

$$p + \frac{1}{2}\rho v^2 = 常数 \qquad (1\text{-}5)$$

$$p_1 + \frac{1}{2}\rho v_1^2 = p_2 + \frac{1}{2}\rho v_2^2 = p_3 + \frac{1}{2}\rho v_3^2 = \cdots = p_n + \frac{1}{2}\rho v_n^2 = 常数 \qquad (1\text{-}6)$$

从式（1-5）和式（1-6）可以知道，流体在变截面管道中流动时，在截面面积小的地方，流速较大，压强较小；在截面面积大的地方，流速较小，压强较大。

连续性定理和伯努利定理是研究在飞机飞行过程中，空气动力产生的物理原因及其变化规律的基本定理。

## 1.1.2　升力的产生

在放风筝时要选择有风的天气，这样会有利于风筝起飞，如图 1-2 所示。在风筝升起时可以发现，风筝与水平面有一个角度，这个角度称为迎角或攻角，如图 1-3 所示。

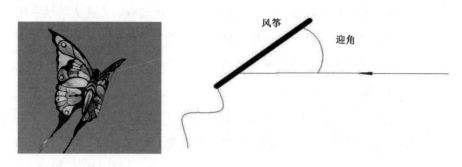

图 1-2　风筝起飞　　　　　　　　　　　　　　图 1-3　迎角

　　在拉着风筝跑动时，风筝慢慢升起，这时风和人对风筝有力的作用。分析此时风筝的受力情况：当风筝平放时，风筝与水平面的相对速度方向夹角为零，此时，气流平稳地流过，如图 1-4 所示；当气流流过风筝前端时，被分为两股分别沿上下两面流过。此时，由于气流所受的阻力非常小，可以忽略，此时风筝几乎不受空气动力。

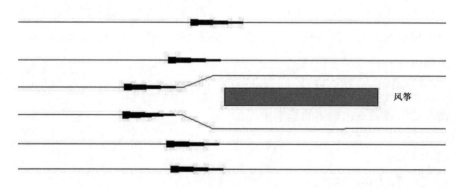

图 1-4　风筝平放

　　当风筝升起，风筝与水平面气流夹角为 90°时，气流环绕风筝的情况如图 1-5 所示。气流流到风筝前面时，由于受到风筝的阻拦，速度降低、压强增大，在风筝前面形成高压区。由于压力的作用，气流从风筝的外侧流出，而在风筝背面，气流还未来得及汇合就继续向后方流动，在风筝的背面形成一个负压区。风筝前面的高压区和风筝背面的负压区，再加上气流对风筝的摩擦阻力，三者共同作用形成了一个向后的阻力 R，这个阻力的方向总是向后的。

在生活中会有一种体验。如果拿一块竖立的板子做平移运动，会感到非常吃力，但是如果将板子转过 90° 就会很容易。在这两种情况下，不同的力的作用效果，可以被明显地感受到。

风筝与水平气流成一定夹角时，气流的流动情况如图 1-6 所示。

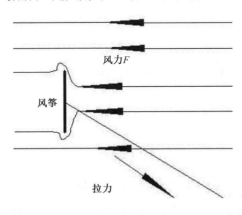

图 1-5　风筝垂直

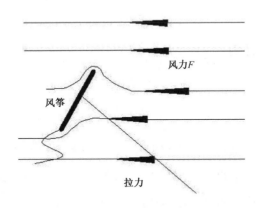

图 1-6　风筝与水平气流成一定夹角

当风筝与气流成一定夹角时，气流不再对称分布。在风筝前面，气流受阻、速度降低；在风筝背面，气流速度变大。由伯努利定理可知：风筝两面有压力差，这个压力差的作用方向垂直于风筝平面，再加上摩擦阻力,对风筝的空气动力 $R$ 就不再垂直于风筝平面,而是与风筝的垂面有一定夹角,将 $R$ 分解成一个竖直方向的力和一个水平方向的力,如图 1-7 所示。

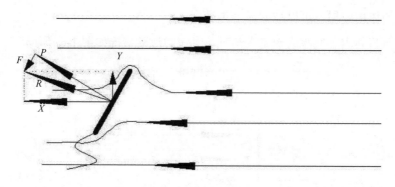

图 1-7　受力分析

$X$ 方向上的力向左,与风筝运动方向相反,是风筝运动的阻力;$Y$ 方向上的力是克服风筝重力的升力,正是由于 $Y$ 方向上力的作用风筝才能保持在空中不坠落。

### 1.1.3　机翼的升力

#### 1. 翼型

飞机的机翼剖面通常称为翼型,是指沿平行于飞机对称平面的切平面切割机翼所得的机翼剖面。翼型最前面的一点称为前缘,最后面的一点称为后缘,前缘与后缘的连线称为翼弦,如图 1-8 所示。

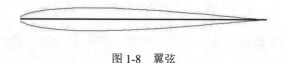

图 1-8　翼弦

　　翼型的几何形状有很多种，不同的航空模型可以选用不同的机翼剖面，航空模型机翼的不同部位可以选用不同的机翼剖面。具体分类有平板机翼剖面、平凸机翼剖面、双凸机翼剖面、凹凸机翼剖面、单凸机翼剖面、S形机翼剖面、菱形机翼剖面等。

　　这里介绍两种最常用的机翼剖面：平凸机翼剖面、双凸机翼剖面，如图 1-9 所示。

（a）平凸机翼剖面　　　　　　　　　　　（b）双凸机翼剖面

图 1-9　机翼剖面

## 2. 升力

　　如图 1-10 所示，当气流经过前缘时，气流被分为上、下两部分，上半部分由于翼型的作用，气流通道较窄、气流速度增加、压强降低，并低于当时的大气压；由于前缘翘起，下半部分的气流流动速度降低、压强增加，并高于当时的大气压。这样，在翼型上、下就形成了一个压力差，即形成一个向上的升力 $Y$。

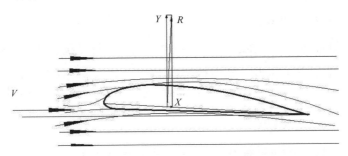

图 1-10　升力的分析

在机翼上形成的升力与什么因素有关呢？

在飞行调整时，要对飞机所受的空气动力有一个大致估计，升力公式如下：

$$L = \frac{1}{2} C_L \rho v^2 S \qquad (1\text{-}7)$$

式中，$L$ 是机翼产生的升力；$C_L$ 是升力系数；$\rho$ 是空气密度；$v$ 是机翼与气流的相对速度；$S$ 是机翼的面积。

### 3. 影响机翼升力的因素

1）机翼升力与翼型和迎角的关系

一般来说，对称翼型和平板翼型在迎角为零时形成的升力为零。而非对称翼型（平凸型翼、双凸型翼、凹凸型翼）要使形成的升力为零，则需要迎角为负。当迎角逐渐增大时，升力也会逐渐增大。但是，当迎角增加到一定程度时，阻力会突然增大，升力会突然减小，这种现象称为失速。此时飞机的迎角称为临界迎角，也称为失速迎角。

2）机翼面积的影响

根据式（1-7）可以知道，机翼受到的升力与机翼的面积成正比。机翼的升力主要是由机翼上、下表面的压力差形成的，压力差作用的机翼面积越大，升力就越大。

3）相对速度的影响

相对速度越大，形成的空气动力也越大，机翼受到的升力也就越大。但是根据式（1-7）来看，升力与相对速度 $v$ 并不是正比关系，而与 $v^2$ 成正比。

4）空气密度的影响

从式（1-7）中可以看出，升力与空气密度成正比。空气密度越大，升力也越大；当空气密度较小时，机翼受到的升力也随之变小。

# 1.2　航空模型分类

## 1.2.1　航空模型的操纵形式

对于航空模型的分类，一直没有明确的界定。根据航空模型操纵形式的不同，通常可将其分为三大类：自由飞行类、线操纵圆周飞行类、无线电遥控飞行类。国际航空联合会（简称"FAI"或"国际航联"）将这三类模型分别编号为 F1、F2、F3。这三类模型又各自设有子项目。FAI 针对航空模型制定的分类项目代号以 F 开头，以数字代表控制方式，以英文代表竞赛项目。

### 1. 自由飞行类

自由飞行类航空模型在世界上有一项比赛，即世界自由飞行航空模型锦标赛。它是由 FAI 主办的航空模型世界锦标赛之一，每两年举行一次。它的比赛项目主要有 F1A-国际级牵引模型滑翔机、F1B-国际级橡筋航空模型和 F1C-国际级活塞发动机航空模型三项留空时间比赛。每个参加国（地区）每个项目可派三名选手参加个人和单项团体赛。

F1A-国际级牵引模型滑翔机如图 1-11 所示；F1B-国际级橡筋航空模型如图 1-12 所示；F1C-国际级自由飞航空模型如图 1-13 所示。

图 1-11　F1A-国际级牵引模型滑翔机　　图 1-12　F1B-国际级橡筋航空模型

图 1-13　F1C-国际级自由飞航空模型

## 2. 线操纵圆周飞行类

线操纵圆周飞行类航空模型是航空模型运动开展较早的项目，在飞行过程中，运动员在地面通过规定直径和长度的操纵线改变航空模型的飞行高度和姿态，围绕自己做圆周飞行或特技飞行。它的比赛项目主要有 F2A-国际级线操纵竞速航空模型、F2B-国际级线操纵特技航空模型、F2C-国际级线操纵小组竞速航空模型、F2D-国际级线操纵空战航空模型。

线操纵航空模型是人类历史上第一种可以直接控制的航空模型。它具有可操纵性好、刺激、可观赏性好和经济等优点。线操纵航空模型竞速比赛对发动机的要求比较严格，须使用组织者提供的燃料，并且对操纵线也有要求。飞行成绩的速度单位以千米/小时表示。每次比赛可进行三次正式飞行，取最好成绩作为正式比赛成绩。

F2A-国际级线操纵竞速航空模型如图 1-14 所示；F2B-国际级线操纵特技航空模型如图 1-15 所示；F2C-国际级线操纵小组竞速航空模型如图 1-16 所示；F2D-国际级线操纵空战航空模型如图 1-17 所示。

图 1-14　F2A-国际级线操纵竞速航空模型　　图 1-15　F2B-国际级线操纵特技航空模型

图 1-16　F2C-国际级线操纵小组竞速　　　　图 1-17　F2D-国际级线操纵空战
　　　　　航空模型　　　　　　　　　　　　　　　　航空模型

### 3. 无线电遥控飞行类

无线电遥控飞行类航空模型的控制方式是地面的运动员仅通过无线电遥控航空模型改变其飞行轨迹。FAI 对无线电遥控飞行类航空模型的分类很多，主要有 F3A-国际级发动机特技航空模型（F3A-Aerobatic Power Models）、F3B-国际级遥控模型滑翔机（F3B-Remote Control Model Glider）、F3C-国际级直升机模型（F3C-Helicopters）、F3D-国际级绕标竞速航空模型（F3D-Pylon Racers）、F3F-国际级山坡牵引滑翔机（F3F-Slope Soaring Gliders）、F3G-国际级动力滑翔机（F3G-Motor Gliders）、F3H-国际级越野滑翔竞速模型

（F3H-Soaring Cross Country Racing）、F3I-国际级空中拖曳滑翔模型（F3I-Aero Tow Soaring Models）、F3J-国际级热气流留空滑翔机（F3J-Thermal Duration Gliders）、F3P-国际级室内花样航空模型（FAI 新推出）、F3N-遥控直升机 3D 花式特技（俗称"3D 飞行"）。

中高级水平人员涉及的模型包括: F3C-国际级直升机模型（F3C-Helicopters），如图 1-18 所示；F3G-国际级动力滑翔机（F3G-Motor Gliders），如图 1-19 所示；F3P-国际级室内花样航空模型，如图 1-20 所示。

图 1-18　F3C-国际级直升机模型

图 1-19　F3G-国际级动力滑翔机

图 1-20　F3P-国际级室内花样航空模型

### 4. 其他类型

除 F1、F2、F3 之外，常见的还有一些以 F 开头的航空模型。

1）F4-像真航空模型（Scale Models）

F4-像真航空模型是仿照载人和载物飞机制作的比例像真模型。

F4A-自由飞像真航空模型（F4A-Free Flight Flying Scale Models）如图 1-21 所示；F4B-线操纵飞行像真航空模型（F4B-Control Line Flying Scale

Models）如图 1-22 所示；F4C-无线电遥控像真航空模型（F4C-Radio Controlled Flying Scale Models）如图 1-23 所示；F4D-橡筋动力室内自由飞像真航空模型（F4D-Free Flight Indoor Scale Models）如图 1-24 所示；F4E-$CO_2$（高压气体）或电动动力室内自由飞像真航空模型如图 1-25 所示。

图 1-21　F4A-自由飞像真航空模型

图 1-22　F4B-线操纵飞行像真航空模型

图 1-23　F4C-无线电遥控像真
航空模型

图 1-24　F4D-橡筋动力室内自由飞像真
航空模型

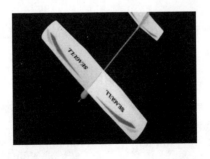

图 1-25　F4E-$CO_2$（高压气体）或电动动力室内自由飞像真航空模型

2）F5-无线电遥控电动机动力航空模型

F5A-电动花式特技航空模型（F5A-Aerobatic Models）如图 1-26 所示；

F5B-动力滑翔机（F5B-Motor Gliders）如图 1-27 所示；F5C-直升机（F5C-Helicopters）如图 1-28 所示。

图 1-26 F5A-电动花式特技航空模型

图 1-27 F5B-动力滑翔机

图 1-28 F5C-直升机

## 1.2.2 航空模型的动力驱动方式

现代航空模型按动力驱动方式分为活塞发动机航空模型、喷气发动机航空模型、橡筋动力航空模型和无动力模型滑翔机等。活塞发动机航空模型如图 1-29 所示；喷气发动机航空模型如图 1-30 所示。

图 1-29 活塞发动机航空模型

图 1-30 喷气发动机航空模型

橡筋动力航空模型如图 1-31 所示；无动力模型滑翔机如图 1-32 所示。

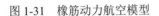

图 1-31　橡筋动力航空模型　　　　　图 1-32　无动力模型滑翔机

## 1.2.3　航空模型的机架类型

按机架类型分，航空模型主要有多轴（多旋翼）飞行器、固定翼飞行器、航空模型直升机、滑翔机等。

### 1. 多轴（多旋翼）飞行器

多轴（多旋翼）飞行器的工作原理是电动机带动螺旋桨产生升力，并通过调节成对出现或以对称形式出现的螺旋桨产生的转矩和升力来控制飞行器在空间直角坐标系下的动作，包括俯仰、横滚、航向。目前，常见的多轴（多旋翼）飞行器包括：四轴四旋翼飞行器，如图 1-33 所示；四轴八旋翼飞行器，如图 1-34 所示；六轴六旋翼飞行器，如图 1-35 所示；八轴八旋翼飞行器，如图 1-36 所示。多轴（多旋翼）飞行器的特点是飞行稳定，可以在空中保持定点悬浮，在飞行控制器的配合下可以完成定点巡航、失控保护等功能，多用于拍摄、探测、消防、农业种植等。如图 1-37 所示的八轴八旋翼植保无人机，也是近几年的发展趋势。

图 1-33　四轴四旋翼飞行器

图 1-34　四轴八旋翼飞行器

图 1-35　六轴六旋翼飞行器

图 1-36　八轴八旋翼飞行器

图 1-37　八轴八旋翼植保无人机

## 2. 固定翼飞行器

固定翼飞行器泛指比空气重，由动力装置驱动，机翼固定在机身上，且不会相对机身运动，靠空气对机翼上、下表面压力差形成的升力飞行的航空器，是目前最常见的航空器之一。固定翼飞行器通常分为军用与民用两种，民用飞机除客机和运输机以外，还有农业机、森林防护机、航测机、医疗救护机、游览机、公务机、体育机、试验研究机、气象机、特技表演机、执法机等。固定翼飞行器的主要形式如图 1-38 所示。

图 1-38　固定翼飞行器

### 3. 航空模型直升机

航空模型直升机是将真实的直升机按照一定比例缩小，并将其外观和内部主要结构做一定程度简化和调整，它与真实的直升机有很多相通之处，如图 1-39 所示。直升机发动机驱动旋翼提供升力，将直升机悬在空中，单旋翼直升机的主发动机同时也输出动力至尾部的小螺旋桨，机载陀螺仪能侦测直升机回转角度并反馈至尾桨，通过调整尾桨的螺距可以抵消不同转速下主螺旋桨产生的反作用力。双旋翼直升机通常采用旋翼相对反转的方式来抵消旋翼产生的不平衡升力。航空模型直升机的特点是机动性高、速度快，许多航空模型玩家喜欢使用航空模型直升机完成高难度技术动作。

图 1-39　航空模型直升机

#### 4. 滑翔机

滑翔机是一种没有动力装置，且重于空气的固定翼飞行器，如图 1-40 所示。它可以由飞机拖曳起飞，也可用绞盘车或汽车牵引起飞，更初级的还可从高处的斜坡上下滑到空中。在无风的情况下，滑翔机在下滑飞行过程中依靠自身重力的分量获得前进动力，这种损失高度的无动力下滑飞行方式称为滑翔。在上升气流中，滑翔机可像雄鹰展翅那样平飞或升高，通常称为翱翔。滑翔和翱翔是滑翔机的基本飞行方式。

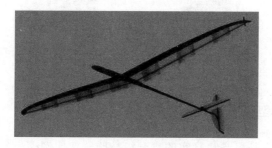

图 1-40　滑翔机

# 1.3　航空模型的组成

无论是载人的客运飞机还是军用的战斗机、运输机，它们都有相同的组成部分。航空模型与大型飞机相似，主要由机翼、尾翼、机身、起落架和动力装置五部分组成。

## 1.3.1　机翼

机翼是航空模型在飞行时产生升力的装置，当其具有上反角时，能保持航空模型飞行时的横侧稳定。机翼是固定在机身上的，一般航空模型的重心在由机翼构成的空间几何体内。

### 1. 机翼的配置形式

机翼的配置形式主要有上单翼、中单翼、下单翼三种形式，如图 1-41 所示。按照机翼上反角的形式来分，机翼有上反翼、下反翼、无上反翼等几种形式，如图 1-42 所示。

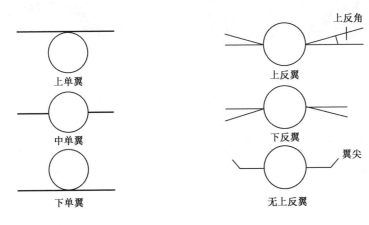

图 1-41　机翼的配置形式　　　　图 1-42　机翼按上反角的形式分类

### 2. 上反角与翼尖

机翼与水平面的夹角称为上反角，上反角的样式包括单折上反角、双折上反角、弧形上反角等，机翼两端的边缘称为翼尖。

### 3. 气动布局

气动布局一般指平尾相对于机翼在纵向位置上的安排方式，一般有正常式布局、鸭式布局、无尾式布局和三角翼布局等几种方式。

1）正常式布局

普通客机即为正常式布局，如图 1-43 所示。

2）鸭式布局

歼-20 战斗机就采用了鸭式布局，如图 1-44 所示。

图 1-43　普通客机

图 1-44　歼-20 战斗机

3）无尾式布局

法国幻影-2000 飞机即为无尾式布局，无尾式布局具有良好的敏捷性，在战斗机中具有良好的隐身性能和便于装载货物等较为突出的优点，如图 1-45 所示。

4）三角翼布局

如图 1-46 所示，三角翼布局的飞机与无尾式布局的飞机具有共同点，但是三角翼飞机具有更高的敏捷性和较快的速度。在航空模型中，经常会有一些三角翼飞机，它们便于操作，易于提高航空模型的飞行技术。

图 1-45　法国幻影-2000

图 1-46　三角翼飞机

## 4. 机翼的平面形状

机翼的平面形状分为矩形机翼、梯形机翼、椭圆形机翼、复合机翼，如图 1-47 所示。

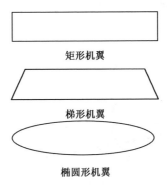

矩形机翼

梯形机翼

椭圆形机翼

图 1-47　机翼的平面形状

## 5. 前缘、后缘、翼弦、迎角

前缘、后缘、翼弦的定义在 1.1.3 节中已经介绍过，迎角是指翼弦与气流的夹角（一般是锐角）。

## 6. 后掠角与前掠角

机翼向后倾斜的角度称为后掠角，机翼向前倾斜的角度称为前掠角，如图 1-48 所示。

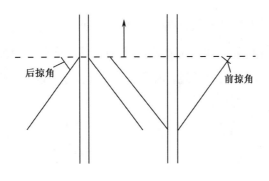

后掠角　　　　　　　　　前掠角

图 1-48　后掠角与前掠角

### 7. 翼展、翼根、副翼、安装角

机翼两翼尖连线之间的距离称为翼展，表示整个机翼的长度；机翼与机身连接的部分称为翼根；副翼是在机翼的后缘上可以活动的舵面，其主要作用是控制飞机的横侧运动，如图 1-49 所示。翼弦与机身轴线的夹角称为安装角，如图 1-50 所示。

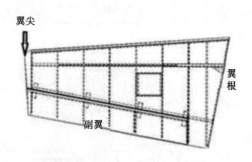

图 1-49　翼尖、副翼、翼根

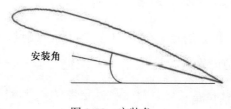

图 1-50　安装角

### 8. 襟翼

襟翼一般是指现代机翼边缘部分的一种翼面可动装置。襟翼一般分为后缘襟翼、前缘襟翼。襟翼的作用是增加机翼的面积、改变机翼弯度、增加一条或几条缝隙供气流通过，如图 1-51 所示为襟翼的结构形式。

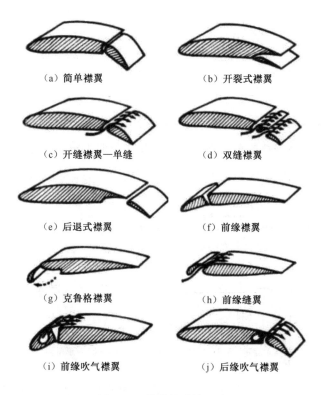

（a）简单襟翼　　　　　　　（b）开裂式襟翼

（c）开缝襟翼—单缝　　　　（d）双缝襟翼

（e）后退式襟翼　　　　　　（f）前缘襟翼

（g）克鲁格襟翼　　　　　　（h）前缘缝翼

（i）前缘吹气襟翼　　　　　（j）后缘吹气襟翼

图 1-51　襟翼的结构形式

### 9. 其他术语

机翼面积：以矩形机翼为例，机翼面积为翼展和弦长的乘积，单位一般为 $dm^2$（$1dm^2=0.01m^2$）。

展弦比：翼展与平均几何弦长的比称为展弦比，它等于翼展的平方与机翼面积的比。

航空模型全重：不包括燃料的航空模型的全部重量。

翼载荷：航空模型全重与机翼面积的比值。

### 1.3.2　尾翼

　　尾翼包括水平尾翼和垂直尾翼两部分。水平尾翼可保持航空模型飞行时的俯仰稳定，垂直尾翼可保持航空模型飞行时的横侧稳定。水平尾翼上的升降舵能控制航空模型的升降，垂直尾翼上的方向舵可控制航空模型的飞行方向。垂直尾翼的连接形式包括单立尾、双立尾、V 形尾等，如图 1-52 所示。垂直尾翼如图 1-53 所示，水平尾翼如图 1-54 所示。

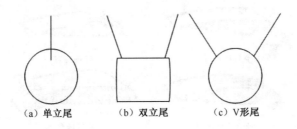

（a）单立尾　　　　（b）双立尾　　　　（c）V形尾

图 1-52　垂直尾翼连接形式

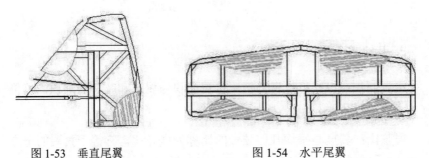

图 1-53　垂直尾翼　　　　　　　　　图 1-54　水平尾翼

### 1.3.3　机身

　　将航空模型的各个部分连接成整体的主干部分称为机身，机身内可以装载必要的控制机件、设备和燃料等。

### 1. 相关术语

航空模型全长：机身的总长度。

尾力臂：航空模型的重心到水平尾翼空气动力中心（一般在距离水平尾翼前缘 1/4 处）的距离。

重心：航空模型全部重量的中心，一般位于翼弦的 1/4～1/3 处。

### 2. 机身简述

机身是航空模型的枢纽，机身的前半部分为机头，主要连接动力装置；机身的中部连接机翼，主要提供升力；机身的尾部连接尾翼，主要控制横侧和俯仰的稳定。机身中部装有接收器、电池（或燃料）、电调、各种操纵舵机、连接结构等，因为有些航空模型还要根据规定容纳一些载重，所以机身一般都要具有一定的容积。由于航空模型受气动效果的作用，一般机身会做成流线型，如图 1-55 所示。

图 1-55　流线型机身

## 1.3.4　起落架

起落架是供航空模型起飞、着陆和停放的装置。其主要作用是：吸收着陆时的冲击能量，增加滑跑性能。起落架一般有两种形式：前三点式起落架和后三点式起落架。

## 1. 前三点式起落架

前部有一个起落架，后部有两个起落架的形式称为前三点式起落架，如图 1-56 所示。前三点式起落架具有着陆简单、安全可靠，以及在强制制动时不会发生倒立危险、滑跑性能优异等优点，是目前大多数飞机采用的起落架布置形式。但是前三点式起落架也有很多缺点，前部的起落架承受的重量非常大，其尺寸也较大，并且容易摆振，需要增加减少摆振的装置。

## 2. 后三点式起落架

前部有两个起落架，后部有一个起落架的形式称为后三点式起落架，如图 1-57 所示。后三点式起落架具有易于安装尾轮，结构比较简单，重量和尺寸比较小；着陆滑跑时根据迎角的原理，可以产生较大的阻力来帮助减速，缩短了滑跑距离等优点。在滑跑时急刹容易倒立、方向不容易控制；在降落时如果速度较大，容易发生跳起，等等，这些都是后三点式起落架的缺点。

图 1-56　前三点式起落架　　　　　图 1-57　后三点式起落架

## 1.3.5  动力装置

航空模型的动力装置使其具有一定的速度，从而通过机翼来产生足够的升力带动航空模型起飞。航空模型常用的动力装置有橡皮筋动力装置、活塞发动机、喷气发动机、无刷电动机。

### 1. 橡皮筋动力装置

橡皮筋动力装置主要通过反转橡皮筋对橡皮筋做功来产生一定的弹性势能，反向旋转的橡皮筋积蓄了收缩的回弹力，这个力带动螺旋桨旋转（橡皮筋对螺旋桨做功），使飞机得以飞行，如图 1-58 所示。

### 2. 活塞发动机

在航空模型中主流的活塞发动机就是单缸两冲程发动机，如图 1-59 所示。单缸两冲程发动机具有结构简单、价格较低、重量较轻等优点；但其耗油较多、噪声较大。

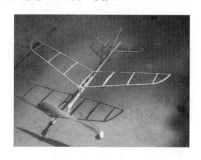

图 1-58  橡皮筋动力装置　　　　　图 1-59  单缸两冲程发动机

航空模型发动机有很多级别，主要使用寸制和米制两种，具体的级别可以参考商家的推荐。

航空模型发动机一般都要进行磨合调优。磨合的时候一般需要磨合台，或者在飞机上进行人工手持磨合，这时需要用到起动器。

### 3. 喷气发动机

航空发动机主要有活塞发动机、喷气发动机两大类,而在航空模型中使用的喷气发动机就是俗称的涡喷发动机,如图1-60所示。

涡喷发动机的优点是加速快、设计简便、具有较大的推重比;缺点是耗油较大,并且飞机的速度较快,对于新手来说并不容易操控,而且一旦失控较为危险。

涡喷发动机一般用于竞赛,且使用者较为专业,一般像真机会采用涡喷发动机,如图1-61所示。

图1-60　涡喷发动机　　　　　　　　　图1-61　像真机

### 4. 无刷电动机

无刷电动机是航空模型中应用较多的发动机,自从其问世以来,受到广大航空模型爱好者的喜爱,不仅在航空模型方面,而且在电动遥控车方面也有广泛应用,如图1-62所示。

1)无刷电动机的优缺点

无刷电动机的优点:使用寿命长、转速控制严格、适用范围广、可控性强、操作效果好、节能、基本不需要日常维护等。

无刷电动机的缺点:需要配合相对应的电子调速器使用,增加成本;不能在高磁场环境下工作。

图 1-62　无刷电动机

2）无刷电动机的型号

在选购无刷电动机时会看到如 2216、2814 等用数字命名的型号，数字的前两位是定子外径（mm）、后两位是定子高度（mm）。定子的外径和高度数值越大，定子的铁芯越大，线圈匝数也越多，电动机的功率就越大。当然，尺寸越大，功率越大，但重量也越大。

例如，某无刷电动机型号是 2216，表示定子外径是 22mm，定子高度是 16mm。定子外径和定子高度与电动机的功率成正比，型号为 2218 的无刷电动机比型号为 2212 的无刷电动机定子高度高，型号为 2218 的无刷电动机功率也大一些。

3）KV 值

无刷电动机的 KV 值定义为输入电压每增加单位伏特，无刷电动机空转转速增加的值，即

$$KV = \frac{转速}{电压} \tag{1-8}$$

式中，转速的单位为 r/min；电压的单位为 V。但是无刷电动机 KV 值的意义不仅说明电动机转速与电压有严格的线性比例关系，而且还对电动机的性能有一个开阔性的表示。例如，KV 值是 1200r/min·V，在 11.1V 电压下的空转转速是 11.1V×1200r/min·V = 13320r/min。无刷电动机 KV 值低的，转速偏低，适合配较小的减速比和较大的螺旋桨，靠较大负荷来提升电流，

输出较大功率；无刷电动机 KV 值高的，转速较高，适合配较大的减速比和较小的螺旋桨，在满足输出功率的条件下，要减小负荷，避免电流过大。

4）无刷电动机电路原理

无刷电动机采用电子开关器件代替传统的接触式换向器和电刷，具有可靠性高、无换向火花、机械噪声低等优点。无刷电动机的使用电压范围很宽，一般来说会满足航空模型的需要，基本不用考虑电动机不适配的情况。

# 1.4 部件组成及分析

## 1.4.1 零部件综述

### 1. 遥控器与接收机

遥控器是航空模型控制者和航空模型建立控制关系的主要工具，最基本的遥控器有四个通道，还有支持更多通道的遥控器。遥控器可以多通道控制同时进行输入和输出，而且是成比例且连续变化的。图 1-63 所示为天地飞九通道遥控器。

接收机主要在航空模型上接收信号，与遥控器相对应，也有相应的通道。图 1-64 所示为天地飞九通道接收机。

### 2. 电调与舵机

电调是电子调速器的简称。一般使用无刷电子调速器，与无刷电动机相匹配，如图 1-65 所示。国内主要品牌有好盈、中特威等。电调并不能兼

容所有电动机，必须根据电动机的功率等参数来选择与之匹配的电调。一
般来说，小型航空模型用 20～50A 的电调就足够了，现在市面上也出现
了 100A 以上的电调。

图 1-63　天地飞九通道遥控器

图 1-64　天地飞九通道接收机

舵机主要应用于航空模型动作的控制。舵机是一种位置（角度）伺服
驱动器，最早用于船舶实现其转向功能，在航空模型中主要用来控制舵面，
如图 1-66 所示。与舵机相连接的是拉杆和舵角，舵角固定在舵面上，舵机
转动从而带动多面的转动，最终获得对各个方向的控制。

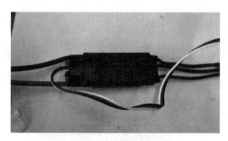

图 1-65　无刷电子调速器

图 1-66　舵机

### 3. 五金材料、魔术贴、扎带、延长线

经常使用的五金材料包括自攻螺钉和弹簧合页等，如图 1-67 所示。

魔术贴和扎带一般用于电子器件、电池的固定，在机身内部固定电池、
电调、接收机等，如图 1-68 所示。

图 1-67　自攻螺钉、弹簧合页　　　　　图 1-68　魔术贴、扎带

延长线是必不可少的，它的主要作用是延长接线的长度，如图 1-69 所示。

图 1-69　延长线

### 4. 玻纤布与碳纤布

玻纤布是由玻璃纤维添加润滑剂、上浆剂等制作而成的，玻纤布有平纹、斜纹和缎纹等不同种类。玻璃纤维是从熔融的玻璃熔炉中抽取的细丝，如图 1-70 所示。

碳纤布是由碳纤维制作而成的，如图 1-71 所示。碳纤维是现在比较流行的材料，它的主要特点有：比模量、比强度与钢材相比要远远高于后者；耐蚀性能非常强，与一般酸碱不发生化学反应；耐辐射；耐油侵蚀；耐磨性非常好，摩擦因数非常小；导热性能优良。

图 1-70　玻纤布　　　　　　　　　　图 1-71　碳纤布

玻纤布和碳纤布一般用来制作复合材料和机身上的蒙皮（蒙板）。

## 1.4.2　机翼（尾翼）部件

机翼与尾翼的构成大致相同。

### 1. 机翼的设计参数

水平尾翼的展弦比 $\lambda=3\sim4$，垂直尾翼的展弦比 $\lambda=1.5\sim2$，副翼舵面面积一般约为机翼面积的 1/8，水平尾翼面积一般约为机翼面积的 1/5，升降舵面面积一般约为水平尾翼面积的 1/5，垂直尾翼面积约为水平尾翼面积的 1/3，方向舵面面积约为垂直尾翼面积的 2/5。

### 2. 机翼的主要任务

机翼的主要任务是提供升力，飞机在飞行过程中受到的力有空气动力、惯性力和集中载荷。空气动力主要是空气对机翼的分布载荷；惯性力主要是结构质量引起的力，也是分布载荷的一种；集中载荷是由个别机件产生的力。由于机翼的位置和作用力，其产生的空气动力不仅要平衡机翼的重力和惯性力，还要平衡整架飞机的重力及其他力。

对机翼的结构要求：机翼要有足够的强度和刚性，重量要足够轻，成本要尽可能低。

### 3. 机翼的主要构成

机翼的主要构成：翼梁、前缘、后缘、翼肋、半翼、加强件、蒙皮。

1）翼梁

对于翼梁来说，如果整架飞机较轻，可以采用单翼梁，如果飞机的重量太重，就要考虑选择双翼梁。上翼梁受压，可以用松木、云杉等材料；下翼梁受拉，可以选用桐木；另外还可以在上、下表面贴碳片增加轻度。

2）前缘和后缘

前缘和后缘受力较小，可以选用轻木或者桐木。

3）翼肋和半翼

翼肋和半翼一般采用轻木片或者桐木片制作，加工时注意木纹。

4）加强件

加强件所处位置一般是应力集中的位置。发动机上的加强件安装在机翼上，起落架上的加强件安装在机翼上，加强件也可安装在上反角的位置。

机翼常见的问题一般是插接不牢固，解决办法就是采用一体式机翼。但是有些时候必须使用插接式机翼，解决这个问题的方法是尽量在连接处做到紧实连接。

## 1.4.3　机身部件

机身是整架飞机的基础，还要装载燃料，连接机翼、尾翼、发动机、电子设备及起落架等。机身要具备良好的强度、刚度条件，重量轻，尺寸小，外形要为流线型，表面光滑，有足够的空间存放设备、电池、燃料、舵机等，还要便于制作、维修。

### 1. 机身的受力情况

机身的受力情况主要有三个方面：机身与发动机连接受力、机身与机翼连接受力、机身与尾翼连接受力。机身与发动机连接受力主要受到的是发动机的拉力和扭矩。机身与机翼连接受力主要受到机翼的升力作用。机翼的升力主要通过机身传递，带动整架飞机升起。机身与尾翼连接受力，机身主要受到尾翼的力矩作用。在一般情况下，机身的后半部分要进行加强处理。

### 2. 机身的结构形式

机身的结构形式按照受力情况可以分为构架式机身和硬壳式机身。

构架式机身一般由大梁、横向支柱、竖向支柱和斜向支柱组成，另外还要在机身上增加碳片和蒙皮。构架式机身的优点是结构简单、容易制作和修理、结构重量较轻、便于安装设备；缺点是不具有流线型机身、蒙皮易变形、生存能力较差。

硬壳式机身的材料是由轻木片（或桐木片）和玻纤布卷接形成的复合材料。硬壳式机身的优点是材料布局合理、力学性能较好、可用模具制作、气动效果好、机身内容积利用率高；缺点是成本较高、制作困难、开孔复杂。

## 1.4.4　动力部件

动力部件包括发动机、电动机等。

（1）单缸两冲程发动机的组成。

单缸两冲程发动机的具体组成为气缸盖、气缸衬套、活塞、连杆、汽化器等，如图 1-72 所示。

（2）无刷电动机的组成。

无刷电动机的具体组成包括电动机主体和驱动器。无刷电动机的结构比较简单，转子是永磁磁钢，连同外壳一起和输出轴相连；定子是绕阻线圈，如图 1-73 所示。真正决定其使用性能的是无刷电子调速器，好的无刷电子调速器需要有单片机控制程序设计、电路设计、复杂加工工艺等过程的总体控制。

图 1-72　单缸两冲程发动机组成

图 1-73　无刷电动机组成

### 1.4.5　起落架部件

起落架的结构主要有钢丝支架结构、板式支架结构、弹簧减振结构等，钢丝支架结构如图 1-74 所示，板式支架结构如图 1-75 所示，弹簧减振结构如图 1-76 所示。

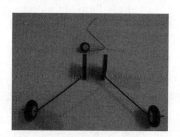

图 1-74　钢丝支架结构

图 1-75　板式支架结构

另外，机轮可以选择比较常用的聚氨酯泡沫塑料机轮，如图 1-77 所示。

图 1-76　弹簧减振结构

图 1-77　聚氨酯泡沫塑料机轮

# 第2章

航空模型图样

## 2.1 绘图软件

绘图软件主要有 Auto CAD 和 Auto Laser，图 2-1 是这两个软件的图标。Auto Laser 是与编者实验室中激光切割机（型号：1390）对应的软件，不同型号的激光切割机对应的软件各不相同，本章所讲的 Auto Laser 操作方式，是与编者实验室中激光切割机相对应的。

图 2-1　绘图软件

## 2.2 绘制航空模型图样

### 2.2.1 寻找图样

按图索骥，初级玩家可以从航模吧、模友之家、酷玩实验室等社交平台获得图片和图样。这几个平台都是比较主流的航空模型兴趣者聚集地。接下来的内容将以一张 F-22 航空模型图样的照片为例进行讲解，如图 2-2 所示。

图 2-2　图样

## 2.2.2　绘制图样

首先需要使用 Auto CAD 2012（可用其他版本）将照片转化为线条样式的图样。

打开 Auto CAD 2012，其界面如图 2-3 所示。

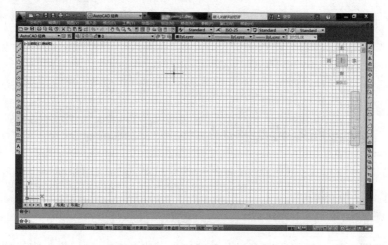

图 2-3　Auto CAD 2012 界面

然后在图 2-4 所示的"插入"工具栏中选择"光栅图像参照"。

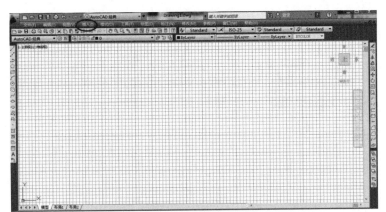

图 2-4　插入

在弹出的"选择参照文件"对话框中选中之前获得的照片，如图 2-5 所示。

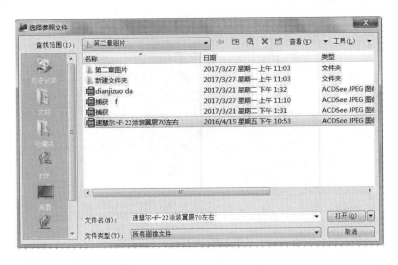

图 2-5　选中照片

下一步，调整照片的缩放比例，以确定图样的实际尺寸，如图 2-6 所示。

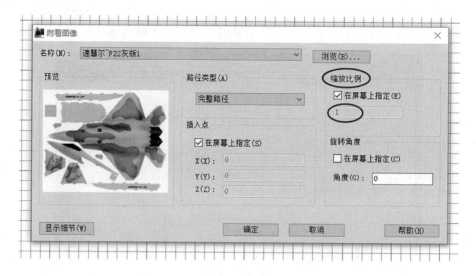

图 2-6　调整尺寸

单击"确定"，选中屏幕上的适当位置，将照片放置在 Auto CAD 2012 的界面上，如图 2-7 所示。

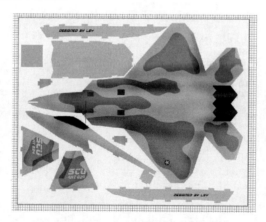

图 2-7　放置照片

一般 KT 复合板航空模型图样的尺寸为 1000mm×1300mm 左右，选择合适的比例来调整图样的实际尺寸。本例介绍的 KT 复合板航空模型翼展在 700mm 左右，翼展也可以稍微大一些，但是注意一定要等比例放大或者缩小。

确定翼展尺寸的小方法：将照片放在屏幕上，把机翼的一端当作直线的一个端点，如图 2-8 所示。

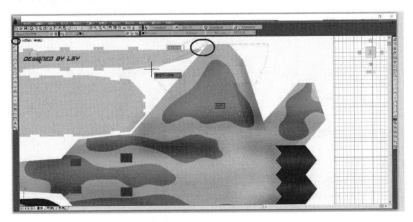

图 2-8　选择一边机翼画线

将这条直线的另一个端点连接到机翼的另一端，如图 2-9 所示。

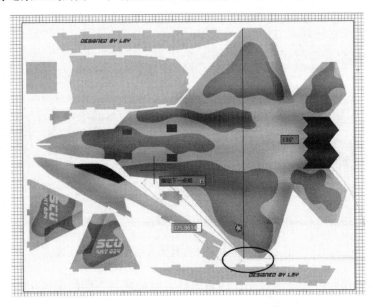

图 2-9　连接到机翼的另一端

接着选择"标注"工具栏，对所画的线进行标注，如图 2-10 所示。

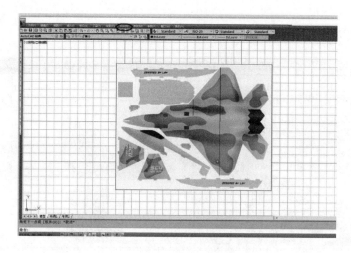

图 2-10  标注所画直线

双击数字，查看长度，即可得到翼展的尺寸，如图 2-11 所示。

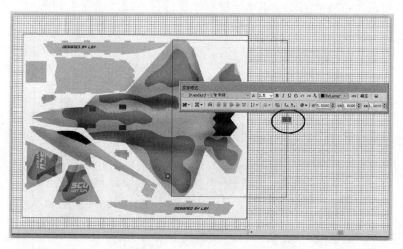

图 2-11  查看翼展的尺寸

如果尺寸过大或者过小，应重新插入照片选择合适的缩放比例。

照片大小调整好后，开始绘制线条，如图 2-12 所示。

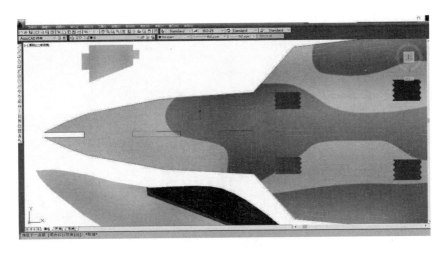

图 2-12　绘制线条

　　沿着图片的轮廓，用轮廓线描出小的接口，如图 2-13 所示。模型的外形可使用镜像命令绘制，如图 2-14 所示。

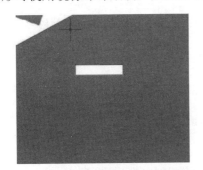

图 2-13　绘制接口

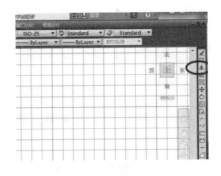

图 2-14　镜像命令

　　航空模型有一些对称结构，使用镜像命令可以减少一些绘制工作。

## 2.2.3　排版

　　已经绘制好的航空模型轮廓图样占用面积大，这样就会造成一定的材料浪费，排版可降低材料的浪费。原来图样的大小可能是 1000mm×1200mm，而排版完成后，图样可能会缩小到 800mm×1000mm 或者更小，排版后的图样如图 2-15 所示。

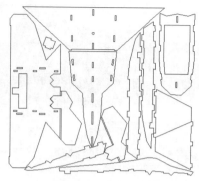

图 2-15　排版后的图样

图 2-15 所示图样就是我们根据 F-22 航空模型图样照片绘制成的图样，它的尺寸是 800mm×1000mm。

**注意事项：** KT 复合板航空模型的翼展在 75～85cm 为宜，机身全长约为 1m。

## 2.2.4　保存

单击"文件"工具栏，选择"图形另存为"，弹出对话框，如图 2-16 所示。

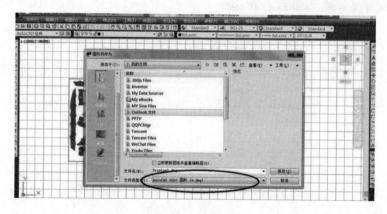

图 2-16　保存格式

在文件类型中选择"·dxf"格式，如图 2-17 所示。

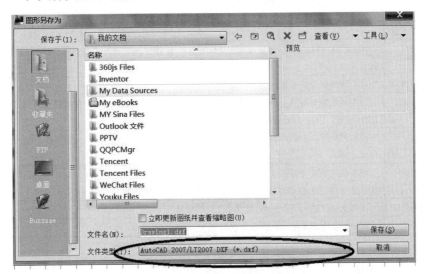

图 2-17　选择格式

输入一个文件名后单击"保存"，在文件所属文件夹中就能找到刚刚保存的文件，如图 2-18 所示。

图 2-18　文件

Auto CAD 常见的文件后缀和含义如表 2-1 所示。

表 2-1　Auto CAD 常见的文件后缀和含义

| 文件后缀 | 含　义 |
|---|---|
| DWG | AutoCAD 图形文件，是最重要的文件类型，是 DXF 标准图形交换文件（ASCII 码，可读文本格式） |
| DXB | 二进制图形交换文件，DWT 图形样板文件 |
| DWF | 用于与网络交换的图形文件格式，可以用发布功能或 DWF 虚拟打印机输出，无法用 CAD 打开，但可以用 AutoCAD 提供的 DWF 浏览器查看 |
| SHX | 也称形文件，其源码文件为*.SHP；可以自行定义 SHP 文件后，在 AutoCAD 中编译成 SHX 文件 |
| FAS | 用于快速加载（编译过）的 LISP 程序文件、arxARX 应用程序文件、MNU Auto CAD 菜单源文件、MNS 菜单资源文件、MNX 编译过的菜单文件 |
| MNL | 菜单 Auto LISP 程序文件，随菜单文件同时调入 |
| GUI | 用户界面定义文件（AutoCAD 2006 开始采用） |

Auto CAD 中常用的图样文件格式如图 2-19 所示。

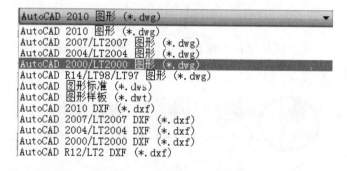

图 2-19　常用图样文件格式

## 2.2.5　导入 Auto Laser

本节根据编者所在实验室的具体条件编写。不同型号激光切割机对应的 Auto Laser 操作方式也不同，如果读者采用的激光切割机型号与本节所用不同，具体的操作步骤请参阅激光切割机的使用说明书或请专业人士指导。

首先，打开 Auto Laser 软件，其界面如图 2-20 所示。

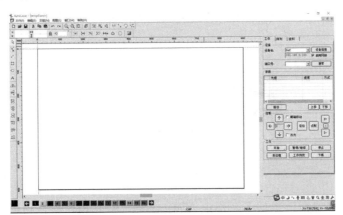

图 2-20　Auto Laser 界面

打开图样（.dxf 格式），会弹出"单位"提示栏，如图 2-21 所示。

根据需要选择不同的单位，然后单击"确定"。

主屏幕上会显示出图样的线条，即激光切割机要走的路线，如图 2-22 所示。可以根据具体要求对图样进行细微调整，使其位于激光切割机的切割范围内。

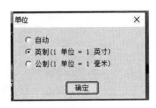

图 2-21　"单位"提示栏

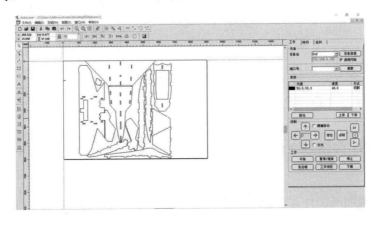

图 2-22　图样

设置光强和速度，切割 KT 复合板需要用较小的光强，切割木材则需要较大的光强。具体数值会显示在屏幕左侧的"参数"选项卡中，如图 2-23 所示。

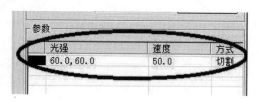

图 2-23　参数栏

双击"参数"选项卡，弹出"加工参数"对话框，根据材料选择不同的切割速度与光强，然后单击"确定"，如图 2-24 所示。

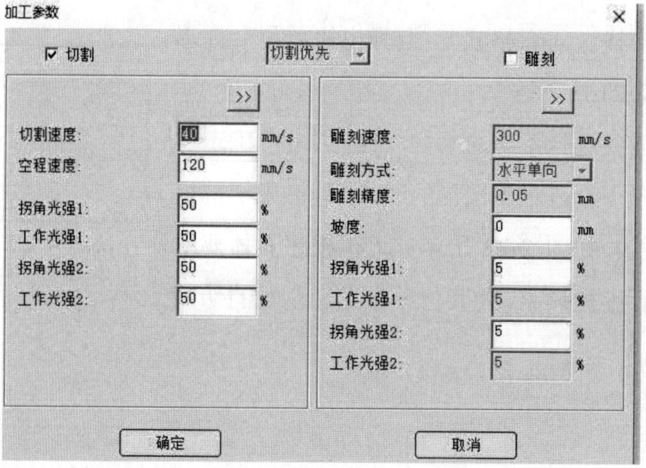

图 2-24　确定加工参数

## 2.2.6　保存切割文件

下载脱机文件，单击界面右下角"工作"选项卡中的"下载"，如图 2-25 所示。

屏幕上会弹出"下载"对话框，如图 2-26 所示。

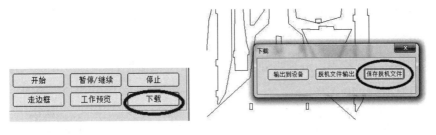

图 2-25　下载　　　　　　　　　　图 2-26　保存脱机文件

单击"保存脱机文件"，弹出"另存为"对话窗，如图 2-27 所示。选择任意存储位置后，单击"保存"。

图 2-27　存储文件

## 2.3　轻木机图样

KT 复合板航空模型是比较简单的航空模型，上文介绍的 F-22 都是比较简单的三角翼飞机，既没有方向舵来控制方向，也没有可产生升力的翼型。而轻木机比 KT 复合板航空模型高级一些，机型非常多。

绘制高级的轻木机图样，要求读者具有相当高的空间想象能力，能够想象出航空模型的内部构造。拿到图样后，建议读者不要急于画图，而是要先对整体进行构思，合理规划步骤，分步操作绘制图样。图 2-28 所示为轻木机塞斯纳 150 图样。

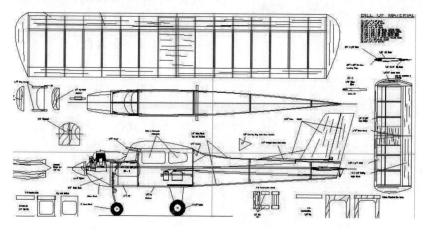

图 2-28　轻木机塞斯纳 150 图样

### 2.3.1　轻木机翼肋

图 2-29 所示为三种不同样式的翼肋。虽然样式不相同，但是其本质是相同的，都是作为蒙皮的支撑，进而产生升力。

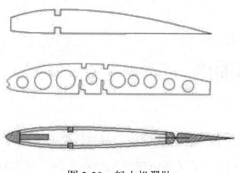

图 2-29　轻木机翼肋

### 2.3.2　轻木机机身

图 2-30 所示为轻木机机身结构示意图,这是机身侧面的一部分,通过这部分可以观察到机身的连接情况,进而得到三维模型,最后进行平面图样的转化。

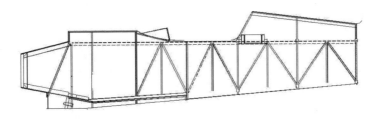

图 2-30　轻木机机身结构示意图

### 2.3.3　轻木机机翼

图 2-31 所示为轻木机机翼结构图样,配合前面介绍的翼肋,即可得到机翼的图样。将翼肋合理分布在机翼上是非常重要的,既可以满足机翼对强度的需要,又可以减少板材的消耗。

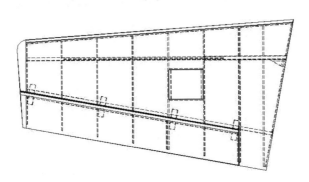

图 2-31　轻木机机翼结构图样

### 2.3.4 轻木机尾翼

如图2-32所示，尾翼一般由水平尾翼（简称"平尾"）和垂直尾翼（简称"垂尾"）组成。图 2-32（a）就是水平尾翼，水平尾翼上装有升降舵，用于保持和控制飞机的纵向平衡。图2-32（b）为垂直尾翼，垂直尾翼上安装方向舵，控制飞机的方向。

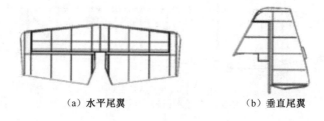

（a）水平尾翼　　　　　　　　　　　　（b）垂直尾翼

图 2-32　轻木机尾翼

图2-33所示为尾翼翼梁，尾翼翼梁起主要支撑作用，承受主要的载荷。

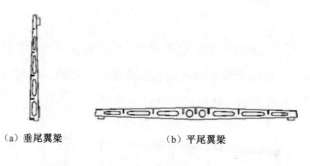

（a）垂尾翼梁　　　　　　　　　　（b）平尾翼梁

图 2-33　尾翼翼梁

# 第 3 章

03

# 航空模型制作工具

"工欲善其事，必先利其器。"在制作航空模型时，好的工具往往能带来事半功倍的效果。工具不在于有多少而在于是否好用。另外，合理使用工具加上正确的制作工艺才可以做出外观漂亮、性能优异的航空模型。下面是一些制作航空模型时常用的工具。

## 3.1 刀具

### 3.1.1 美工刀

美工刀俗称壁纸刀，制作航空模型时经常使用，在市场中也容易买到，如图 3-1 所示。美工刀主要用于切割木片、木条、各种纸张、胶带和薄板，也用于切削、修整等。美工刀的使用方法很简单，通常只使用刀尖部分，因为刀身很脆，所以使用时不要将刀身伸出过长。在使用时一定要注意安全，美工刀表面经过特殊处理，它造成的伤口不易止血。

图 3-1　美工刀

### 3.1.2　刻刀

　　市场上的刻刀主要以成套的形式销售。刻刀主要有木把刻刀和可更换刀片的尖刻刀，刻刀的刃型分为平口形、圆口形、一字形、V 形等。木把刻刀主要用来刻槽、挖孔，如图 3-2 所示。可更换刀片的尖刻刀用来切割薄板、纸片和木片等，如图 3-3 所示。可更换的刻刀刀片，如图 3-4 所示。

图 3-2　木把刻刀

图 3-3　尖刻刀

图 3-4　刻刀刀片

### 3.1.3　剪刀

制作航空模型时，一般使用普通的家用剪刀来剪布、线和薄板，小一些的剪刀用来剪纸和蒙皮等，如图 3-5 所示。而剪铝片、铜片则需要铁剪刀，一般实验室中选用小号铁剪刀即可，如图 3-6 所示。

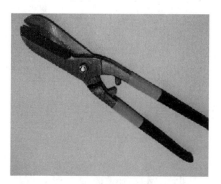

图 3-5　家用剪刀　　　　　　　　　图 3-6　铁剪刀

### 3.1.4　锯

在实验室中主要使用木锯、手工锯和线锯，如图 3-7 所示。木锯主要用来锯木头，包括具有一定厚度的木板、直径稍小的木棍等。手工锯主要锯金属、塑料等硬度较大、强度较高的材料。线锯主要用来锯小而薄的木材、塑料，甚至锯铜、铁、铝等金属薄板。

被加工材料不同，选用锯条的材料、粗细，锯齿的形状和疏密都不相同。根据材料的大小来选择锯的型号，在实验室中，一般中小型锯最为常见。以手工锯为例，锯条的松紧程度一定要适宜，以防止锯条崩断。使用锯的时候一定要注意安全。

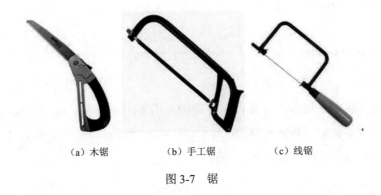

（a）木锯　　　　　　（b）手工锯　　　　　（c）线锯

图 3-7　锯

# 3.2　量具

量具的主要作用是测量长度、厚度、深度和直径等。

## 3.2.1　尺

### 1. 钢直尺、三角尺及卷尺

钢直尺在实验室中比较常见，它在航空模型制作中的主要作用是大致测量长度（精确度在 mm 级别），如图 3-8（a）所示。三角尺的作用与钢直尺相近，它还有一个独特的作用：由于三角尺一个角是 90°，另外两个角是 45°，所以它可以作为角度确定的标准，如图 3-8（b）所示。卷尺的主要作用是大致测量较长的距离，精确度较差。

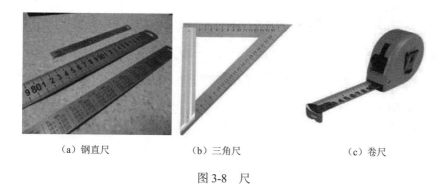

　（a）钢直尺　　　　　　　（b）三角尺　　　　　　　（c）卷尺

图 3-8　尺

## 2. 游标卡尺和千分尺

　　游标卡尺和千分尺，可以比较精确地测量长度、厚度、深度和直径等。在航空模型的制作中也是比较常用的，如图 3-9 所示。游标卡尺和千分尺要存放在洁净、干燥的环境下，并涂上防锈脂或防锈油（无腐蚀性）。游标卡尺涂上防锈脂（油）后归零保存（量爪合并）；千分尺也同样要擦拭干净后涂上防锈脂（油），然后归零保存。

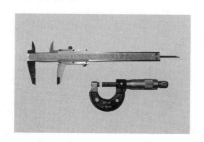

图 3-9　游标卡尺和千分尺

## 3. 水平尺

　　水平尺主要用来检测或测量物体的水平度和垂直度，如图 3-10 所示。利用水平尺上的水平泡检验、测量，调试设备是否安装水平，亦可用于工业工程的施工。在航空模型的制作中，水平尺的主要作用是检测机身、机翼、尾翼等之间的相

图 3-10　水平尺

对水平程度。水平尺容易保管，一般悬挂或平放都可以，不会因长期平放而影响其精度。使用期间不用涂油，长期不使用时，应轻轻地涂上薄薄的一层一般工业油。水平尺有多种规格，长度在 10～250cm 之间，一般实验室中可以准备两个，小一些的长度在 20～50cm 之间，大一些的长度在 50～80cm 之间为宜。

### 3.2.2　秤

电子秤普遍存在于实验室中，实验室中的秤可以分为较大量程的和较小量程的两种。一般选用体重秤作为较大量程的秤，如图 3-11 所示。选用 0～5kg 的电子秤作为较小量程的秤，如图 3-12 所示。在实验室中，经常要计算航空模型及其各个零部件的质量。使用秤进行测量能更好地把握航空模型的质量。

图 3-11　体重秤　　　　　　　　　图 3-12　小型电子秤

## 3.3　五金工具

如图 3-13 所示，市面上的五金工具有很多种，根据所起的作用可以分为扳手类、夹持类和其他工具等。

图 3-13　五金工具

## 3.3.1　扳手类

扳手是一种常用的手工工具，常用于零部件的安装与拆卸。扳手通常用碳素结构钢或合金结构钢制造。扳手的型号与螺栓、螺钉、螺母的型号相对应。

### 1. 内六角扳手

内六角扳手是呈 L 形的六角棒状扳手，专用于旋内六角螺钉，如图 3-14 所示。

### 2. 活口扳手

活口扳手的开口宽度可在一定尺寸范围内进行调节，能旋转不同规格的螺栓或螺母。在航空模型的制作中，一般使用中、小型号，如图 3-15 所示。

图 3-14　内六角扳手　　　　　　图 3-15　活口扳手

### 3. 普通扳手

普通扳手也称为呆扳手，一般在其两端有固定尺寸的开口，与相对应的螺栓或螺母配合使用。普通扳手用以旋转对应尺寸的螺母或螺栓，如图3-16所示。

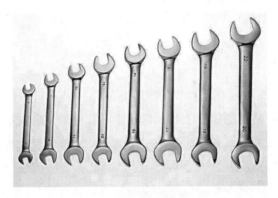

图 3-16　普通扳手（套装）

五金工具在一般情况下分为米制、寸制两大类，米制单位是以毫米为单位来度量的，寸制单位是以英寸为单位来度量的。在航空模型的制作中，主要使用的是米制工具，螺钉和螺母也使用米制类型。在一些比较特殊的情况下，需要使用一些特殊的螺钉，这时候会用到寸制的扳手或者其他工具，所以也需要准备一些寸制扳手。

### 3.3.2　夹持类

在实验室中，需要使用的夹持类工具主要是各种钳。钳是夹持、固定加工工件，或者扭转、弯曲、剪断金属丝线的手工工具。较为常见的钳有平嘴钳、尖嘴钳、斜嘴钳，如图 3-17 所示。

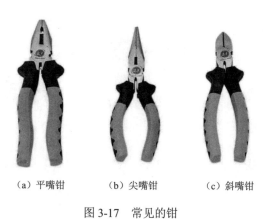

（a）平嘴钳　　　　（b）尖嘴钳　　　　（c）斜嘴钳

图 3-17　常见的钳

在航空模型制作过程中，常用的钳有 Z 字钳、剥线钳、卡簧钳，如图 3-18 所示。Z 字钳主要用来弯钢丝，使钢丝呈 Z 字形状；剥线钳主要用来剥导线的一端，使其露出金属丝便于连接、焊接等；卡簧钳主要用来夹持主卡簧，在航空模型的制作中主要用于电动机、电线的简单连接及一些电子器械的维修。

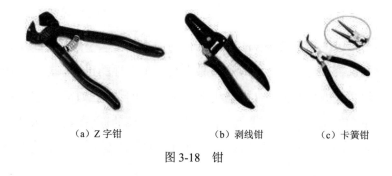

（a）Z 字钳　　　　　（b）剥线钳　　　　　（c）卡簧钳

图 3-18　钳

在航空模型制作过程中，还会用到一些其他钳，如压线钳、虎钳和铆钉钳。

压线钳主要用于压制导线接线端子，如图 3-19 所示。

虎钳用来夹稳工件，以便于加工工件，一般装置在工作台上，如图 3-20 所示。实验室一般配有小型虎钳。

铆钉钳配合铆钉使用，主要用于金属、纤维、皮革、塑料等材料的连接和紧固，如图 3-21 所示。

图 3-19　压线钳　　　　图 3-20　虎钳　　　　图 3-21　铆钉钳

### 3.3.3　其他工具

#### 1. 锉刀

锉刀是对材料表层做微量加工的工具。在航空模型的制作中，主要是对木料和金属进行加工。一般来说，在实验室中经常用到小型什锦锉刀，如图 3-22 所示。

锉刀刀齿的粗细要根据被加工工件的加工余量大小、加工精度、材料性质等来选择；锉刀的尺寸规格应根据被加工工件的尺寸来选择；锉刀的断面形状应根据被加工工件的形状来选择。不可用新锉刀锉硬的生铁和钢，锉刀会早期磨钝；不可用细锉锉软金属，软金属的锉屑容易嵌入锉齿齿槽中，从而使锉刀在工件表面打滑；不可将锉刀堆放在一起，以免碰坏锉齿；

不可使锉刀沾水或将其放在潮湿的地方，以防锈蚀；使用什锦锉刀时，用力不宜过大，以免锉刀折断。

### 2. 模型扩孔器

模型扩孔器可以用来扩桨孔、航空模型头壳、机身壳、舵机摇臂孔等。模型扩孔器不仅在航空模型的制作中使用，而且在其他模型的制作中也常使用，如图 3-23 所示。

图 3-22　小型什锦锉刀　　　　　　　图 3-23　模型扩孔器

### 3. 钻头、丝锥和板牙

钻头安装在台钻或手持钻上，用于钻孔，如图 3-24 所示。丝锥和板牙都是用于加工螺纹的工具，如图 3-25 所示。丝锥是一种加工内螺纹的螺纹加工工具；板牙是一种加工或修正外螺纹的螺纹加工工具，板牙相当于一个具有很高硬度的螺母，螺孔周围制有几个排屑孔，一般在螺孔的两端磨有切削锥。按照日常的工作需求，加工不同规格的螺纹，需要的丝锥、板牙不仅只有一种，丝锥或板牙的规格都是固定不可调节的，为了方便使用，丝锥和板牙都是成套的。根据使用要求，丝锥板牙组套由几个或者十几个丝锥和板牙、丝锥扳手和板牙架组成。

图 3-24　钻头　　　　　　　　图 3-25　丝锥和板牙

## 4. 锤子

锤子是一种击打工具。羊角锤和普通小铁锤是两种常用的锤子，如图 3-26 所示。羊角锤也称为起钉锤，它的一面可以用来敲击，另一面用来拔出螺钉。普通小铁锤方头的一面经常使用，它的主要作用是敲击螺钉或工件的其他部位。

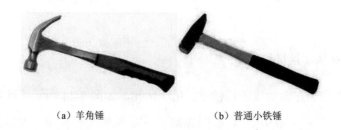

（a）羊角锤　　　　　　　　（b）普通小铁锤

图 3-26　锤子

## 5. 镊子

镊子是航空模型制作与维修中经常使用的工具，常常用它夹持导线、电子元件及细小的螺钉等。使用时应注意：不可将其加热，不可夹酸性物品，用完后必须清理干净。实验室中一般要准备直头镊子、平头镊子、弯头镊子各一把，以备在不同的情况下使用，如图 3-27 所示。

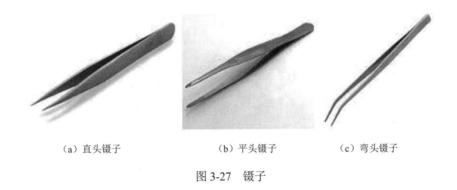

（a）直头镊子　　　　　　　（b）平头镊子　　　　　　　（c）弯头镊子

图 3-27　镊子

## 6. 螺钉旋具

螺钉旋具主要用来旋紧和旋松螺钉。常用的螺钉旋具有十字形螺钉旋具和一字形螺钉旋具两种，如图 3-28 所示。螺钉旋具是实验室中常用的工具之一。

图 3-28　螺钉旋具

## 3.4 电动类工具

### 3.4.1 电钻类

电钻类工具是一类利用电动机产生的动力钻孔的工具，是电动工具中的常规产品，也是需求量较大的电动工具类产品，主要有手持电钻和台钻，如图 3-29 和图 3-30 所示。在航空模型的制作中，电钻类工具主要用来钻一些精度较高的孔。既可提高制作效率，又可提高模型的质量。

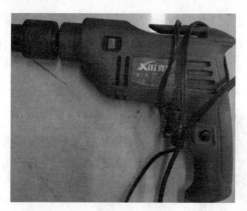 

图 3-29　手持电钻　　　　　　　　　图 3-30　台钻

手持电钻和台钻需要通风散热，会在其外壳上开一些孔，长期使用其内部会堆积较多灰尘。为保障电钻的旋转精度，减少因为轴承（滑套）磨损而产生过大的间隙，故需要保持内部清洁和润滑。没有电气基础知识的读者，请找专业人员来进行保养和维修。

**注意事项：**使用时一定要记得做好防护措施，另外，一定要检查地线是否接地，接地线是保护人身安全的重要措施。严禁在带电状态下拆卸手持电钻和台钻！无电气基础知识者切勿动手！

### 3.4.2　电磨类工具

电磨类工具主要用来磨削被加工工件多余的部分，通常用于大量的磨削加工，主要有角磨机、电磨机、电刨等。

#### 1. 角磨机

角磨机的主要作用是对金属构件进行磨削、切削加工。在航空模型的制作中，主要进行金属薄片的磨削、细碳棒的切削等，如图 3-31 所示。如图 3-32 所示的磨砂轮一般与角磨机配合使用，磨砂轮发生损坏后要及时更换。角磨机是用于打磨的，锯、割功能不是其设计的初衷。切割金属薄片时不能用力加压，不能切割厚度超过 20mm 的硬质材料；否则一旦磨砂轮卡死，会造成锯片、切割片碎裂飞溅，或者造成机器弹开失控，轻则损坏物品，重则伤人。另外，角磨机工作时不可使用水，应及时添加润滑脂。当工具发生故障时，应送到厂家或指定的维修处检修。

图 3-31　角磨机　　　　　　　　　图 3-32　磨砂轮

#### 2. 电磨机

电磨机也称为电动砂轮机，是用砂轮或磨盘进行磨削的电动工具，如图 3-33 所示。它的主要作用是对金属和非金属材料进行修整、造型、研磨和抛光等。通常会有不同型号的砂轮与电磨机配合使用，如图 3-34 所示。

图 3-33　电磨机　　　　　　　图 3-34　电磨机砂轮

### 3. 电刨

电刨是一种手持进行刨削作业的电动工具，如图 3-35 所示。它的主要适用对象是木材，电刨的功能是刨削平面，与电磨机的功能相近，但更具体。电刨刨削过的平面更光滑，电刨还有倒棱和裁口等作业方式。

图 3-35　电刨

**注意事项：** 工件必须牢固地固定在夹具或工作台上，装夹工件的压板不得长出工作台，在机床最大行程内不准站人；当木料上有螺钉等金属物体时，需要去除后才能使用电刨；在电刨工作时，一定要保持木料平稳，保证被刨削平面与电刨平台完全吻合，不能翘偏，否则刨削加工过的面会不平；不使用时，电刨一定要放在干燥的地方，以防生锈。

## 3.4.3　真空泵

真空泵是通过抽气获得真空的器件或设备，简单地说，真空泵是产生和维持真空的装置，如图 3-36 所示。在实验室中，主要是利用其隔绝空气的功能，创造相对真空的环境。

图 3-36　真空泵

### 3.4.4　电启动器

电启动器用于油动航空模型的启动，如图 3-37 所示。使用时，将电启动器的工作部件与航空模型螺旋桨桨罩按压在一起，按下启动按钮，螺旋桨随启动器一起旋转，随即启动完成。

图 3-37　电启动器

## 3.5　电热类工具

### 3.5.1　电烙铁

电烙铁是电子线路制作和电器维修的必备工具，如图 3-38 所示，其主要用途是焊接元件及导线。电烙铁的规格有：20W、50W、75W、100W、200W 等。一般选用 20W 规格的焊接电路；焊接电池要选用稍大的，如 50W 或 75W 规格的电烙铁。电烙铁一般要与电烙铁架、焊锡、焊锡膏等搭配使用，如图 3-39 所示。

图 3-38　电烙铁　　　　　　　　　　图 3-39　焊锡

### 3.5.2　热风枪

热风枪的主要作用是提供热源，满足制作需要，如图 3-40 所示。热风枪和热缩管配合使用，热缩管在导线连接处遇热缩紧，达到绝缘的效果；热风枪再来弯曲或熔接塑胶，清除旧漆。此外也可使用热风枪进行焊接、镀锡、熔接黏胶等。实验室中一般均配有热风枪，在要求不高的情况下也可以使用家用吹风机代替热风枪，如图 3-41 所示。

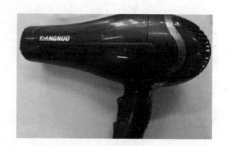

图 3-40　热风枪　　　　　　　　　　图 3-41　家用吹风机

### 3.5.3　蒙皮电熨斗

蒙皮电熨斗的主要作用是熨烫蒙皮，使蒙皮与机身或机翼及其他需要蒙皮的部分粘接起来。选用制作航空模型专用的小型电熨斗最好，既可以选用控温旋钮式蒙皮电熨斗（见图 3-42）；也可以选用温度显示式蒙皮电熨斗（见图 3-43），可调控温度，制作时更为方便。

图 3-42　控温旋钮式蒙皮电熨斗　　　　图 3-43　温度显示式蒙皮电熨斗

### 3.5.4　热熔胶枪

热熔胶在实验室中较为常用，它具有强度高、使用方便等优势，可用于木材、KT 复合板、塑料、金属、皮革、电子元器件等互粘固体，如图 3-44 所示。实验室要配备大小两种型号多个热熔胶枪，并且要多准备一些胶棒备用。

图 3-44　热熔胶枪

注意事项：切勿让孩子触及热熔胶枪，高温会烫伤皮肤；避免在潮湿环境下使用热熔胶枪，湿度会影响其绝缘性能，可能会导致触电。

# 3.6 仪器仪表

在航空模型的制作中，常用的仪器仪表主要有测电路、电压的万用表（见图3-45），测螺旋桨转速的转速表（见图3-46），测质量的小型电子秤。电子秤也属于量具一类，此处不再赘述。

图3-45 万用表　　　　　　图3-46 转速表

# 3.7 耗材

## 3.7.1 胶类

胶类主要指各类胶水，胶水用于粘接材料，主要使用 502 快速粘接胶水、AB 胶、白乳胶、螺钉胶、泡沫胶、环氧树脂胶等。

### 1. 502 快速粘接胶水

502 快速粘接胶水是实验室中较为常用的胶水，如图 3-47 所示。502 快速粘接胶水具有黏着迅速，瞬间胶粘的功效。在航空模型的制作中，一般用来粘接受力不大的位置，如翼肋与前后缘连接的位置、翼肋与翼梁连接的位置等。正确的粘接方式是将要粘接的两个物体合拢在一起，将胶水沿缝隙滴进去。

**注意事项：**使用时应谨慎操作，以防皮肤、衣物等被黏着，该粘接胶水的蒸气会刺激眼睛。

### 2. AB 胶

AB 胶是两液混合硬化胶，A 液是本胶，B 液是硬化剂。实验室经常使用的 AB 胶俗称哥俩好，如图 3-48 所示。AB 胶是一种慢干型胶水，有一定的填充效果，粘接强度高、韧性好，因此常用来粘接上反角等受力较大的位置。AB 胶要混合使用，且须保持一定比例，使用时应注意涂抹均匀，并施加一定作用力使其粘接牢靠。

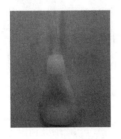

图 3-47　502 快速粘接胶水

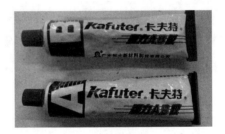

图 3-48　AB 胶

### 3. 白乳胶

白乳胶是用途广、用量大、历史悠久的水溶性粘接剂。它主要用于木材之间的粘接，在航空模型的制作中主要用于大件木材之间的粘接，如图 3-49 所示。

### 4. 螺钉胶

螺钉胶又称为螺钉固定剂或厌氧胶。螺钉胶一方面让螺钉在作业中不会脱落，另一方面有防锈作用。在航空模型的制作中主要用于一些重要螺钉的加固。不同型号的螺钉胶，适用于不同的情况，如图 3-50 所示。

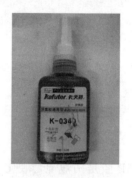

图 3-49　白乳胶　　　　　　　　　图 3-50　螺钉胶

### 5. 泡沫胶

泡沫胶适用于各种软质材料之间的粘接，或软质材料与硬质材料之间的粘接。例如，泡沫、海绵、皮革、KT 复合板、塑料膜、软质纤维等软质材料与铁皮、铝板、玻璃、木材等硬质材料的互粘，如图 3-51 所示。在航空模型的制作中，泡沫胶主要用于泡沫航空模型的粘接。

### 6. 环氧树脂胶

环氧树脂胶广泛地应用于粘接各种金属和非金属材料。环氧树脂胶和辅胶固化剂按比例混合均匀，根据不同用途的要求，可在混合树脂中添加适量的填充剂，用以固化，如图 3-52 所示。在航空模型制作中，环氧树脂胶主要用于机身和机翼连接处的硬化，配合玻纤布和碳纤布使用，还可以用于机身的硬化。

图 3-51　泡沫胶

图 3-52　环氧树脂胶（A/B）

## 3.7.2　其他耗材

### 1. 胶带

在实验室中需要的胶带有透明胶带、纤维胶带、电工胶带等，如图 3-53所示。

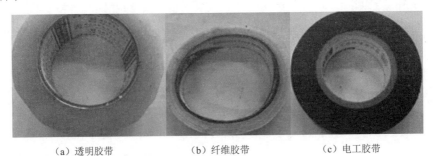

（a）透明胶带　　　　　（b）纤维胶带　　　　　（c）电工胶带

图 3-53　胶带

### 2. 砂纸

砂纸主要用来研磨金属、木材等表面，以使其光洁平滑，如图 3-54所示。

### 3. 刀片

一般美工刀，都是可以替换刀片的，非常实用方便，如图 3-55 所示。

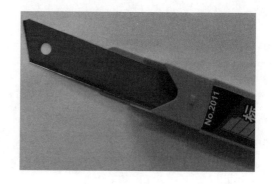

图 3-54　砂纸　　　　　　　　　　　图 3-55　刀片

### 4. 钻头

一般钻头的材质是硬质合金。根据需要钻孔的直径，选用合适的钻头。

### 5. 锯条

一般最常换的锯条就是手工锯锯条。在更换锯条时一定要注意，锯条的切割平面应与锯的整体在一个平面上，如图 3-56 所示。

### 6. 橡皮筋

橡皮筋一般用于机翼与机身的连接和固定，如图 3-57 所示。

图 3-56　锯条　　　　　　　　　　　图 3-57　橡皮筋

### 7. 热熔胶棒

热熔胶棒安装在热熔胶枪上，待其融化后可用于粘接物体，如图 3-58 所示。

### 8. 焊锡

焊锡配合电烙铁、焊锡膏使用，常用于电子元件或者导线的焊接。

### 9. 电池

电池主要是为航空模型提供动力，是航空模型的动力系统。现在航空模型动力电池一般选用锂电池，在网上也有售卖。锂电池用一段时间就会有所损耗，出现动力不足的问题，如图 3-59 所示。

图 3-58　热熔胶棒　　　　　　　　　　图 3-59　电池

### 10. 热缩管

热缩管是一种特制的聚烯烃材质热收缩套管，广泛应用于各种线束、焊点、电感的绝缘保护。一般热缩管的收缩比例是 2:1。热缩管一般有内、外两层，外层一般采用聚烯烃材料加工而成，外层材料有绝缘、防蚀、耐磨等特点；内层有低熔点、防水密封和高粘接性等优点，如图 3-60 所示。

### 11. KT 复合板

KT 复合板是一种由 PS 颗粒经过发泡生成板芯，板芯通过表面覆膜、压合制成的一种新型材料。它的特点是重量极轻，具有一定的强度，在航空模型中应用广泛，如图 3-61 所示。

图 3-60　热缩管　　　　　　　　图 3-61　KT 复合板

## 12. 轻木

轻木又称为巴尔沙木，是世界上最轻的商品用材，其特点是容重最小、质地较软，材质均匀、易于加工，经常被用于手工制作，又称为飞机木、航空模型木，如图 3-62 所示。

## 13. 桐木

桐木的特点是：重量轻、强度大、不曲不翘不变形、耐磨损，经过干燥处理后的桐木，不易吸收水分和潮气，有良好的保存性能。桐木是制作航空模型的主要材料之一，如图 3-63 所示。

图 3-62　轻木　　　　　　　　图 3-63　桐木

## 14. 椴木层板

椴木层板的特点是具有油脂，耐磨性、耐蚀性好，不易开裂，木纹细，易加工，韧性强等，广泛应用于细木工板、木制工艺品的制作。在航空模型的制作中，主要用于机身架构及翼梁的制作，有时也用于翼肋的制作，如图 3-64 所示。

### 15. 碳纤维管、碳纤维杆

碳纤维管也称为碳管、碳纤管、碳素纤维管等，如图 3-65 所示。实心的碳纤维管称为碳纤维杆，一般航空模型用碳纤维杆的直径在 10mm 以下。碳纤维管具有抗拉强度高、耐蚀性好、密度小、重量轻、寿命长等特点，广泛应用于航空模型、医疗器械、体育器械等的制作。在航空模型中，碳纤维管主要用来做机翼与机身的连接件。在一些泡沫制成的航空模型中，碳纤维管还可以做翼梁，承受主要载荷。

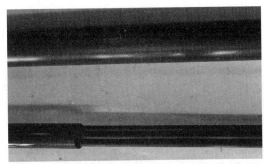

图 3-64　椴木层板　　　　　　　　　图 3-65　碳纤维管

制作航空模型需要的工具和材料有很多种，并不一定要全部备齐，但是一定要准备好常用的，以备不时之需。

# 第 4 章

04

# 航空模型制作

## 4.1 KT 复合板航空模型的制作

### 4.1.1 切割材料

按照在第 2 章中绘制的航空模型图样（见图 4-1），用激光切割机切割 KT 复合板，获得航空模型的各部分，然后进行下一步准备工作。

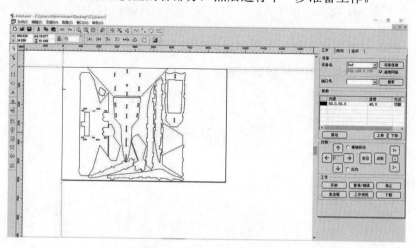

图 4-1 航空模型图样

## 4.1.2　准备工作

接下来整理工具和材料，摆放整齐。在第 3 章已经详细地介绍了在制作航空模型过程中需要使用的工具，但是这并不意味着这些工具在制作航空模型时都要用到，只用一小部分就可以了。以制作 KT 复合板航空模型 F-22 为例，所需的工具有剪刀、美工刀、热熔胶枪、胶棒等，如图 4-2 所示。

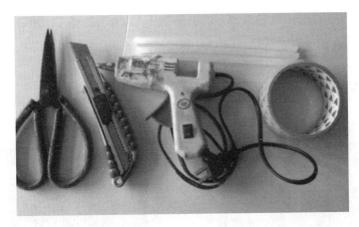

图 4-2　所需工具

## 4.1.3　制作流程

### 1. 粘接整体

在机头与机身处加入一根碳纤维杆，长约为 20cm，用热熔胶枪粘接，如图 4-3 所示。粘接成功，如图 4-4 所示。

**注意事项**：一定要粘接均匀，以防受力不均导致航空模型解体。

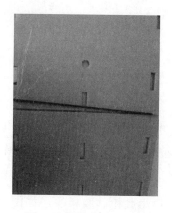

图4-3 粘接机头与机身

图4-4 粘接成功

同样，在机身中也要添加一根碳纤维杆，用来增加强度，如图4-5所示。然后，找出机身腹部两块相同的板条，插入对应的接口处，用热熔胶枪填实粘好，保证粘接紧固，如图4-6所示。

**注意事项：**在安装这两块板条时一定要保证有合适的斜度，配合腹部的盖板。

图4-5 添加碳纤维杆

图4-6 粘接腹部

可以先用手固定，再使用热熔胶枪粘接，如图4-7所示。下一步，安装机头支撑竖板，如图4-8所示。

**注意事项：**一定要确定其与机身平面垂直，并且要保证每个接口都能接近无缝对接。

图 4-7　用手固定

图 4-8　安装机头支撑竖板

在粘接的同时要注意压紧接缝,完成初步工作后,接下来就要检查前面的操作有没有问题,如图 4-9 所示。从图 4-10 中圈出的部分可以观察到有明显的不对称,这时候就需要把它移动到正常的位置。图 4-10 所示位置是安装发动机的位置,产生的推力一定要沿着正确的推力线才可以保证航空模型正常地飞行。

图 4-9　检查

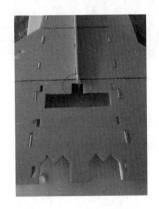

图 4-10　调整位置

下面准备安装两个尾翼舵面,如图 4-11 所示的切口并不能满足要求。应沿着两虚线用美工刀削出一个 45°的斜面,如图 4-12 所示。削好的斜面并不平整，并且容易产生裂纹，甚至折断，需要用热熔胶枪涂上一层薄薄的胶，硬化一下以加强力学效果，如图 4-13 所示。然后将两个尾舵放到合适的位置，准备粘接，如图 4-14 所示。

图 4-11　安装尾翼舵面

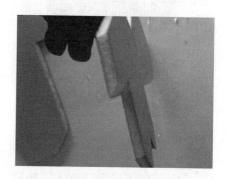

图 4-12　削斜面

图 4-13　硬化斜面

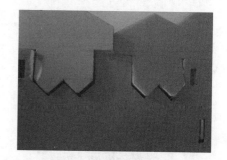

图 4-14　准备粘接

然而我们会发现激光切割机切出的零部件尺寸并不精准，由于 KT 复合板属于化学材料遇热会软化，产生一些边角，造成较大的尺寸误差。这对航空模型的影响并不大，只需要沿着尾舵边缘削去一圈即可，但是要尽可能地使两个尾舵对称。削好后用热熔胶枪涂胶、硬化，如图 4-15 所示。接着用纤维胶带和透明胶带将舵面和机身粘接起来，如图 4-16 所示。

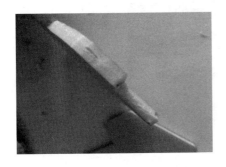

图4-15　修整、涂胶、硬化

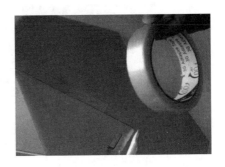

图4-16　粘接舵面和机身

检查两尾舵是否能正常转动，如图4-17所示。

航空模型整体粘接完成，如图4-18所示。还有一对安定面没有安装，因为安装电子设备可能会对后续的安装工作有一定影响，所以最后再来安装安定面。

图4-17　检查尾舵

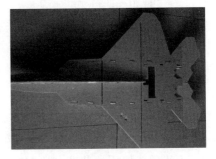

图4-18　航空模型整体粘接完成

## 2. 安装电子设备

安装电子设备需要准备KV 2212电动机、电调、舵机、接收机、连杆、舵角等。

首先安装舵机和舵角。在预先留出的方孔中安放舵机，用热熔胶枪涂胶加以固定。同时，用Z字钳把一段连杆弯出Z形，套入舵机的摇臂中。在尾舵上，用刀片扎一下，把舵角安放进去，用热熔胶枪涂胶，加以固定，如图4-19所示。摇臂上预先留出的孔若不适用，可以用扩孔器将孔再打开一些。

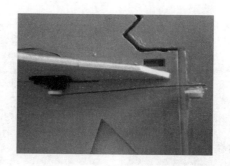

图 4-19　安装舵机和舵角

然后在舵角上安装快速调节器，方便调节舵面，如图 4-20 所示。

图 4-20　安装快速调节器

安装好快速调节器后检查两个舵面是否有异常现象，如图 4-21 所示，如果不平整可以用快速调节器调节。

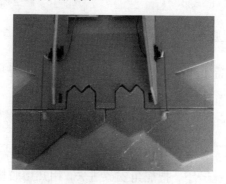

图 4-21　检查舵面

安装电动机时，有可能会出现电动机底座与机身不吻合的情况，要用美工刀把附近多余的材料切除，如图 4-22 所示。

**注意事项：** 一定要均匀切除，并且要对称。

观察电动机轴线是否与机身中轴线重合，如有误差，应及时调整电动机位置。调整完成后，用热熔胶枪涂胶固定，如图 4-23 所示。

**注意事项：** 一定要粘接牢固，否则会造成危险情况的发生。

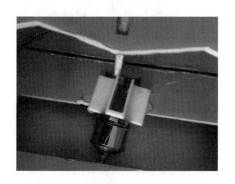 

图 4-22　安装电动机　　　　　　图 4-23　及时调整电动机位置

安装好电动机后，在机身腹部安放电调、接收机。如果舵机的信号线不够长可以使用延长线，如图 4-24 所示。建议用热熔胶枪把线固定在边角处，用魔术贴把电调和接收机固定在航空模型上，如图 4-25 所示。

 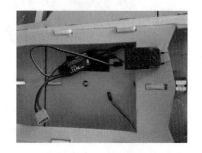

图 4-24　安放电调、接收机　　　　　图 4-25　固定

下一步安装螺旋桨。本例中的 F-22 KT 复合板航空模型使用了六寸的螺旋桨，如图 4-26 所示。安装螺旋桨时一定要旋紧，防止危险情况的发生。

利用重心的位置确定电池的位置。电池的位置要合适，才能保证重心不偏移，如图 4-27 所示。

 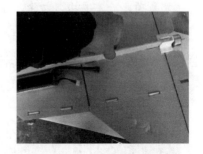

图 4-26　安装螺旋桨　　　　　　　　图 4-27　确定电池的位置

选用的电池接口有可能与电调接口不匹配，这时需要一个转换接头，如图 4-28 所示。

用魔术贴把电池固定住，然后用扎带把电池与机身绑紧，最后安装安定面，一架航空模型就完成了，如图 4-29 所示。

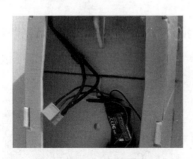 

图 4-28　转换接头　　　　　　　　　图 4-29　完成的航空模型

一个简单的航空模型组装完成，下一步就要准备放飞试验了。

**注意事项**：放飞前一定要完全熟练地掌握模拟器的操作，会放飞航空模型后也要经常练习操作模拟器。

## 4.2  纸飞机的制作

纸飞机是一种用 KT 复合板制作的平板无翼型三角翼航空模型，因其外形像极了用纸折叠的飞机，所以得名"纸飞机"。纸飞机最大的特点也就是它的外形，它有一个深 V 形槽，深 V 形槽设计得非常巧妙。它是机身的一部分，把几乎所有电子设备都包含在槽内，也让螺旋桨坐落其中，并起到相当大的保护作用；深 V 形槽具有特殊的气动性能，当纸飞机飞行时，气流流畅地流过飞机的深 V 形槽中，在一定程度上增加了升力，并且减小了阻力，增大了飞机的气动效率。纸飞机图样，如图 4-30 所示。

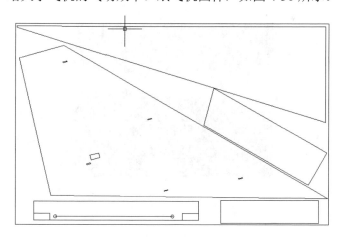

图 4-30  纸飞机图样

因为纸飞机是高度对称的，只需要切两张相同的 KT 复合板即可。在调整航空模型图样大小时应注意尺寸问题，根据编者的经验得出，航空模型翼展在 60～70cm，机长在 45～55cm 最为合适。这个尺寸区间的航空模型有较高的灵活性，又有比较适合初学者的稳定性。

### 4.2.1　纸飞机制作准备工作

准备工具如图 4-31 所示，整理材料及零部件如图 4-32 所示。

图 4-31　工具

图 4-32　整理材料及零部件

### 4.2.2　纸飞机制作流程

#### 1. 要调整角度、安装翼板

调整角度时要考虑电动机底座的位置和螺旋桨的尺寸。如果这个角度小了，电动机底座的位置和螺旋桨的尺寸就无法确定了，从而会影响航空模型的性能，如图 4-33 所示。接下来粘接飞机的两个翼板，可以依靠水平的桌面来做两个水平的翼板，如图 4-34 所示。

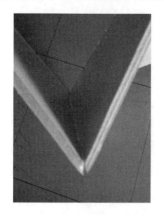

图 4-33　调整角度

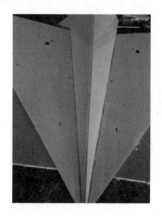

图 4-34　粘接翼板

### 2. 安装电动机底座

如图 4-35 所示，确定电动机底座的位置。在安装电动机的时候要保证一定的角度，使电动机推力线尽量位于翼平面，电动机安装角度略微向后上方上扬，进而保证推力线延长能够从重心中下方穿过。

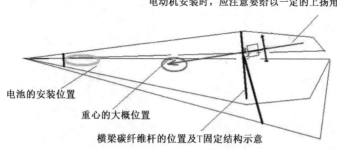

电动机安装时，应注意要给以一定的上扬角度

电池的安装位置

重心的大概位置

横梁碳纤维杆的位置及T固定结构示意

图 4-35　位置示意图

用热熔胶枪把碳纤维杆和机身粘接在一起。

注意事项：要将推力线和机身中线置于一个垂直平面上，如图 4-36 所示。观察推力线是否与中线重合，做进一步调整，如图 4-37 所示。

图 4-36　粘接碳纤维杆和机身

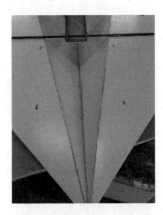

图 4-37　调整

### 3. 安装尾翼舵面

安装尾翼舵面的方法与 F-22 航空模型相同，沿着舵面削出一个 45°的斜面，然后在斜面上薄薄地涂上一层胶，硬化一下以加固力学效果，如图 4-38 所示。

图 4-38　加固尾翼舵面

图 4-39　电动机

### 4. 安装电动机和舵机

在完成两个舵面的安装后，安装电动机，如图 4-39 所示。调整电动机安装角度，保证推力线要在中心轴面上不能偏移，如图 4-40 所示。接下来安装舵机，如图 4-41 所示。

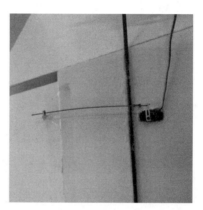

图 4-40  调整角度          图 4-41  舵机

### 5. 安装电调、接收器

安装电调、接收器，如图 4-42 所示。一定要做出合理的布线调整。纸飞机制作完成，如图 4-43 所示。

图 4-42  安装电调、接收器          图 4-43  纸飞机制作完成

### 6. 放飞

完成以后要去放飞，检查一下性能。在放飞之前一定要检查好各个零部件的可靠性及航空模型的重心位置。由于电池种类不同，其大小和重量也有差异，所以纸飞机的重心位置并不是确定的，而是一个相对位置，但是不会偏差太大。

## 4.3　轻木机的制作

首先在材料上轻木机就大不一样，机身和机翼的材料也是不一样的。对于一些参加比赛的轻木机来说，机身整体一般用 2mm 层板，在结合时常用桐木条加强。对于机翼来说，翼梁一般用层板做主体，同样用桐木条加强，而翼肋常常用轻木片或者桐木片。蒙皮与轻木机的升力有相当大的关系，不同的蒙皮电熨斗温度也不一样，应注意选择，以免出现蒙皮被烫破、蒙皮个与模型粘接等问题。和前两节一样，需要准备一些材料和工具，由于材料和工具的种类较多，此处不再赘述。根据图样用激光切割机切取木材，如图 4-44 所示。具体操作步骤要根据激光切割机的使用说明书来操作。

图 4-44　切取木材

　　在激光切割机的某些部分光强有些误差，会导致木材切不透等问题，如图 4-45 所示。这时，一定不要用力撕扯，而要用小刀轻轻地划开未切透的部分。然后再取出，按照一定顺序排放整齐，如图 4-46 所示。

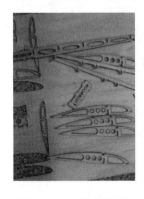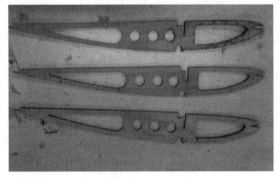

图 4-45　木材未切透　　　　　　　图 4-46　排放整齐的材料

　　切完材料以后，开始进行制作。首先，需要准备好 502 快速粘接胶水。可以选择从小到大的顺序来制作，如图 4-47 所示，先进行副翼舵面的制作。在机翼的副翼部分有一个倾斜的角度，所以副翼的舵面也有一定的倾斜角度。副翼粘接完成后，需要用砂纸打磨一下，这是为蒙皮做准备。

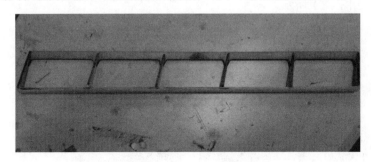

图 4-47　制作副翼舵面

　　在完成副翼的制作后，要进行机翼的制作，如图 4-48 所示。需要注意的是，一定要保证翼梁不弯曲，如果翼梁弯曲会直接导致机翼变形。在机翼上安装舵机，如图 4-49 所示。考虑到在蒙皮完成后布线是很困难的，所以应先进行舵机的安装。

图 4-48　制作机翼

图 4-49　安装舵机

接下来要在中段机翼上安装电动机，同时也要完成布线工作，如图 4-50 所示。如果要制作双发动机航空模型，就要在中段机翼上安装发动机；如果要制作单发动机航空模型，就要在机身上安装发动机，可以前置，也可以后置。

在制作过程中可能会遇到一些问题，如由于切割材料的精确度不够，或者是图样本身有一些小错误，造成部分材料的连接不吻合，如果弃用这些材料会造成浪费，而且也浪费时间，这时候就要用锉刀进行较小程度的修整，如图 4-51 所示。

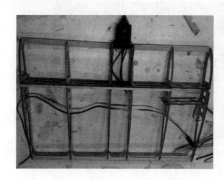

图 4-50　安装电动机

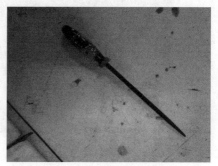

图 4-51　锉刀

制作双发动机航空模型时，要把电调放置在中段机翼的内部。这样放置会节省空间，但一定要注意电调的位置应尽量对称，对称的机翼利于航空模型稳定飞行，如图 4-52 所示。粘接机身时最重要的是正确连接机身，并且保证机身的强度，还要检查，不能使机身发生扭转，如图 4-53 所示。

图 4-52　放置电调

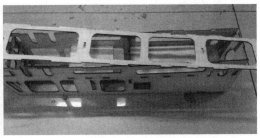

图 4-53　连接机身

粘接蒙皮，这样做的好处是增加机翼的强度，使航空模型拥有更好的气动性能，如图 4-54 所示。熨烫蒙皮主要用到的工具是蒙皮电熨斗。蒙皮的好坏，直接关系到航空模型的性能，每一步都要认真仔细，如图 4-55 所示。

图 4-54　粘接蒙皮

图 4-55　蒙皮

蒙皮过后要在机身中间进行布线，主要是进行电源线和信号线的布置，如图 4-56 所示。在航空模型的重心位置安装飞控系统，飞控系统主要是用来增稳的，有利于航空模型在空中稳定地飞行。飞控系统一边与各个舵机相连，另一边与接收机相连，如图 4-57 所示。

图 4-56　布线

图 4-57　安装飞控系统

　　航空模型后半部分与航空模型前半部分的制作方式相似。制作航空模型的水平尾翼有一个小技巧，可以在一块板上事先画好机翼与主梁的相交投影线，在材料切割完成后按照所画线的角度进行粘接，这样更加方便，而且不易出错，如图 4-58 所示。下半部分机身蒙皮完成，如图 4-59 所示。

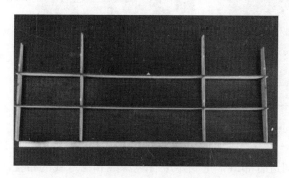

图 4-58　制作水平尾翼

图 4-59　下半部分机身

　　在整个航空模型的制作中，尤其要注意的是舵机与拉杆的固定，这部分主要决定了对飞机控制的完成性能，如图 4-60 所示。

图 4-60　舵机与拉杆

安装螺旋桨后，一架轻木机就制作完成了。单发动机航空模型如图 4-61 所示，双发动机航空模型如图 4-62 所示。

图 4-61　单发动机航空模型

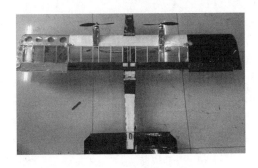

图 4-62　双发动机航空模型

双发动机航空模型与单发动机航空模型的特点：

（1）双发动机航空模型比单发动机航空模型的动力更强劲，相对而言可以减轻对飞机重量的要求，为机身前半部分腾出很大空间；但是它对制作工艺的要求较高，对一些角度的精度要求比较严格，易出现问题。

（2）单发动机航空模型比双发动机航空模型更加简单，虽然动力单一，但其性能稳定，不易发生动力方面的问题；其发动机占用机身前半部分相当大的空间，因此与双发动机航空模型相比，更要考虑飞机重量的问题。

# 第 5 章

## 航空模型放飞

05

一架制作好的航空模型，只有经过仔细认真的调试和正确的放飞，才能真正飞出好成绩，所以掌握调试的方法和正确的放飞步骤是必不可少的。

## 5.1 飞行调整基础知识

飞行调整是飞行原理的应用。没有基本的飞行原理知识，很难调整好航空模型。下面结合制作和放飞的需要来介绍一些有关飞行原理的基础知识。

### 5.1.1 重力和重心

物体由于地球的吸引而受到的力称为重力。重力是地球和物体间万有引力的一个分量，另一个分量提供物体随地球转动所需的向心力，重力不是地球对物体的吸引力。重力的方向总是竖直向下的，即重力方向总与水平面垂直，而不是总垂直于地面的。

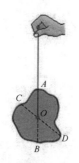

图 5-1 悬挂法测重心

物体各个部分都受到地球的吸引力作用，这些作用可以等效地看作是作用在某一点上的，这个点就称为物体的重心。重心的位置与物体的形状及质量分布有关，质量均匀且形状规则的物体重心在它的几何中心上，形状不规则的物体重心可以用悬挂法测定，如图 5-1 所示。

## 5.1.2  航空模型的重心

常规航空模型的重心位置，一般在机翼平均气动弦长的25%～30%处，也有不在此范围内的，如牵引模型滑翔机的重心在机翼平均气动弦长的50%～60%处，橡筋动力航空模型的重心在机翼平均气动弦长的 60%～70%处，遥控航空模型的重心位置也有大于机翼平均气动弦长 30%的，一般在小翼载荷小动力的轻小慢航空模型上使用。航空模型组装完成后，先判断航空模型的实际重心位置与理想重心位置是否一致，如果不一致就要根据实际情况做出调整（可以增加或减少配重）。然后进入试飞阶段，进一步精准调整重心位置。在商场购买的航空模型，一般都会在说明书中标明其重心位置，实际重心位置与标示重心位置差别不大。在试飞过程中，即使出现非正常爬升或俯冲，也可以通过微调解决，极少数需要重新确定重心位置。

自制（DIY）的航空模型通常由于制作者对航空模型原理不熟，设计航空模型时只注重航空模型的布局和外形，对重心位置不太注意，或根本不知道如何设计航空模型的重心位置，而导致无法确定航空模型的重心位置。这时只有通过试飞来确定重心的位置，一般会找相近的航空模型做参考，逐步调整直至确定最终位置。

### 5.1.3　航空模型的动平衡

航空模型的动平衡包括力平衡和力矩平衡两种。力平衡是指航空模型受到的重力、升力、发动机牵引力和阻力平衡，即合力等于零。力矩平衡是指上述四种力的力矩平衡，即合力矩等于零。分析动平衡问题时，一般习惯是以重心为轴心，认为航空模型是绕通过重心位置的纵轴、横轴和竖轴发生转动的。为了简化问题，这里以匀速平飞为例讨论俯仰平衡问题，即升力、重力及它们产生的力矩的平衡。

#### 1. 航空模型平飞受力分析

$$Y=G \tag{5-1}$$

$$P=X \tag{5-2}$$

式中，$Y$ 是升力；$G$ 是航空模型的重力，其方向垂直于地面；$P$ 是螺旋桨推（拉）力；$X$ 是航空模型的阻力。

如图 5-2 所示，航空模型要维持平飞，除要求上述各力平衡之外，各力绕重心的力矩也应平衡。航空模型不绕重心旋转时，维持平飞的条件是：升力等于重力，拉力等于阻力。

#### 2. 平飞所需速度

航空模型保持平飞需要有足够的升力，以平衡航空模型的重力。为形成这个升力所需的速度，称为平飞所需速度。

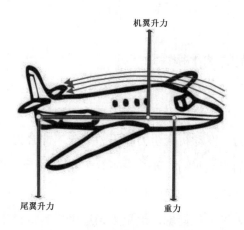

机翼升力

尾翼升力　　　　　　　重力

图 5-2　力平衡与力矩平衡

1）影响平飞所需速度的因素

平飞中：

$$G = \frac{1}{2}C_y\rho v^2_{(\text{平飞})}S \qquad (5\text{-}3)$$

$$v_{(\text{平飞})} = \sqrt{2G/C_y\rho S} \qquad (5\text{-}4)$$

式中，$G$ 为航空模型重量，航空模型重量大，则所需升力大，平飞所需速度大；$\rho$ 为空气密度，空气密度小则升力小，平飞所需速度大；$S$ 为机翼面积，机翼面积大则升力大，平飞所需速度则小；$C_y$ 为升力系数，升力系数大则升力大，平飞所需速度小。

　　在实际飞行中，航空模型重量、机翼面积及同高度时的空气密度均可看成是相对不变的，平飞所需速度主要随迎角变化。

　　2）平飞所需速度与迎角的关系

　　在小于临界迎角的范围内，迎角增大，升力系数增大，平飞所需速度减小。平飞时，每个迎角对应一个平飞所需速度。

### 3. 平飞所需拉力

航空模型保持平飞，克服航空模型阻力所需的拉力，称为平飞所需拉力 $P_{(平飞)}$。根据

$$G=Y$$

$$P_{(平飞)}=X$$

$$K=Y/X \tag{5-5}$$

可得：

$$P_{(平飞)}=G/K \tag{5-6}$$

即平飞所需拉力与航空模型的重量和迎角有关。平飞所需拉力随迎角变化，而平飞时每个迎角对应一个速度，因此当飞行重量一定时，平飞所需拉力随速度的变化而变化。

## 5.1.4　航空模型滑翔及常见问题分析

滑翔是没有动力的飞行。滑翔时，航空模型受到的阻力由重力的分力来平衡，因此滑翔只能沿与地面倾斜一定角度的直线飞行。滑翔轨迹与水平面的夹角称为滑翔角。滑翔角是衡量滑翔性能的一个重要因素，滑翔角越小，在同一高度的滑翔距离越远。滑翔距离与下降高度的比值称为滑翔比，滑翔比等于航空模型升力与阻力之比（升阻比），滑翔比是影响滑翔性能的重要因素。滑翔速度是衡量滑翔性能的另一个重要因素，航空模型升力系数越大，滑翔速度越小；航空模型翼载荷越大，滑翔速度越大。

调整航空模型时，主要通过改变主翼的上反角和机身的重心位置来改变机翼迎角，以达到改善航空模型滑翔性能的目的。

### 1. 飞机低头或抬头

航空模型无发动机滑翔飞行时，航空模型降落速度过大并有机头冲向或远离地面趋向的状态。其实这种现象是飞机从一种动平衡过渡到另外一种动平衡的过程，究其原因是各力和力矩由不平衡过渡到平衡引起的，并不是由机头重量引起的。在实际操作中，也没有人因此将机头砍下一截、重做或改变机头构造。调整设备安放位置来改变重心位置是常用方法，其实质是改变各力的力臂，从而改变各力的动态力矩。

### 2. 安定面问题

计算航空模型升力负荷时，是包含了主翼和水平安定面的总面积的，换句话说，水平安定面就是一个小主翼，它除保持水平安定作用外也提供少许升力，这两个升力的共同作用直接影响了全机的力矩平衡。影响结果是：小安定面形成的合力矩前移，大的水平安定面形成的合力矩后移。

### 3. 攻角问题

攻角是使主翼产生升力的设计，对重心的影响为：攻角大，重心前移；攻角小，重心后移。

### 4. 重心问题

航空模型的重心变化比较复杂，它受机型、翼型、翼切面、迎角等的共同影响。因此在自行设计航空模型时，应该考虑重心位置。若决定重心时无把握，不妨把机头设计得略重些，切记机头不可过轻，否则试飞时不仅不好修正，还可能会有危险状况发生。

## 5.2　检查校正和手掷放飞

### 5.2.1　橡筋动力航空模型

　　橡筋动力航空模型是靠储存在橡筋内的能量带动螺旋桨旋转产生动力飞行的，如图 5-3 所示。橡筋动力用完后，模型以滑翔状态飞行降落。由这种动力驱动的航空模型适合刚接触航空模型的儿童或青少年，其制作简单、飞行安全。

图 5-3　橡筋动力航空模型

#### 1. 调试

　　橡筋动力航空模型有较大的逆风爬升角度，在失去动力时有良好的下降姿态，而不是一路下滑。当下滑稍快时，能够抬头平飞，甚至小角度爬升。

　　调试方法如下：

　　（1）将飞机的橡筋悬挂好，用两手指顶在机翼中间偏后的地方，前后挪动机翼在机身的位置使之保持平衡。

（2）水平尾翼应该与纵、横两轴平行，向上弯折的角度不应太大，一般应小于 10°。如果橡筋没有重量限制，可以用悬挂不同长度的橡筋和挪动挂钩的前后位置来调节重心的前后位置。

（3）盘旋的方向会影响航空模型的飞行姿态，所以有的航空模型要左盘旋、有的要右盘旋。左、右盘旋的大小也会改变航空模型的飞行姿态，盘旋半径太小，会让飞机因失去速度而下滑，太大容易飞丢。因此，垂直尾翼的弯折角度大小要适当。要根据场地大小和风力大小灵活决定。

（4）飞机橡筋弹性不均匀，初始动力释放过快，容易拉翻。克服拉翻就需给模型一个适当的低头力矩，其实质是减小机翼的迎角以减小多余的升力。可以通过改变机翼和水平尾翼的升力力矩，以增大低头力矩，从而使重心前移。也可以通过减小机翼安装角或增大水平尾翼安装角。还可以通过加大螺旋桨的下倾角（也称下拉角），以增大低头力矩。其中通过加大螺旋桨的下倾角是基本措施，因为它不影响滑翔性能。而且更主要的一点是，这种力矩变化和动力变化大体同步。初始阶段动力大、拉翻趋势严重时，拉力低头力矩也大，后期动力变小、拉翻趋势减弱，拉力低头力矩也变小。所以这种调整方式有可能适应动力飞行的全过程。前三种方式往往不能适应动力全过程，如前期适应了，后期可能出现低头下冲的现象。同时它们还影响滑翔性能。因此，只有在微调或要同时调整滑翔和安定性的情况下才采用。

## 2. 放飞

（1）逆风放飞。航空模型起飞同真飞机一样，逆风起飞，逆风降落。如果左盘旋，可以逆风右偏10°～15°；如果右盘旋，可以逆风左偏10°～15°。这样可以让飞机有更多的逆风上升时间。

（2）先前再后。先放前面拿螺旋桨的手，螺旋桨惯性势能稳定了，再放拿航空模型的手，并且给予航空模型一个初始推动力。

（3）水平角。水平角应根据风力的大小和橡筋力量的大小而定，一般为 15°～25°。风大，航空模型的水平角要小一点；反之，则要大一点。这样做的目的是不要拉翻飞机，也不要因爬升乏力而倒退下滑。

## 5.2.2　KT 复合板航空模型

KT 复合板航空模型由 KT 复合板制成，其板体挺括、轻盈、不易变质、易于加工。如图 5-4 所示，以此为材料制作的航空模型质量较轻、结构简单、价格也较低，是一种比较适合的航空模型制作材料。

图 5-4　KT 复合板航空模型

### 1．检查校正

航空模型制作装配完成后都要进行全身检查和必要的校正。检查的内容主要是航空模型的重心位置和各个组件的安装位置、安装角度，因为这两大部分将在很大程度上影响航空模型的飞行性能。检查主要通过目测方式进行，其中重心位置的检测方法在上一节中已经做了介绍，这里不再进行讲解。

目测方式是指从三视图的三个方向观察航空模型各组件的安装位置和安装角度是否准确。正视方向主要看机翼两边上反角是否相等；电动机底座安装角度有无偏差；机翼有无扭曲；尾翼是否偏斜或扭曲。侧视方向主要看机翼和水平尾翼的安装角度和它们的安装角度差；舵机舵面上、下倾角。俯视方向主要看垂直尾翼有无偏斜；拉力线左右倾角的情况；机翼、水平尾翼是否偏斜。

检查中如发现重大误差，应在试飞前纠正。如果误差较小，可以在试飞中一边飞行一边纠正。

### 2. 放飞及飞行调整

放飞的目的是找出航空模型存在的问题并调整航空模型的飞行性能。方法是飞手给发动机 80% 的油，然后助手右手执机身（航空模型重心部位），高举过头，机头向前正对风向上倾 10° 左右，沿机身方向以适当的速度将航空模型直线掷出，航空模型进入有动力飞行状态。助手手抛方法要多次练习，要注意纠正各种不正确的方法，比较普遍的错误有：模型左右倾斜或机头下沉；出手方向不是沿机身向前，而是向上抛掷；出手不是从后向前的直线，而是绕臂根画弧线；出手速度太快或太慢。

出手后如航空模型直线小角度平稳飞行属正常飞行，稍有偏转也属正常状态，可以通过遥控器上的微调装置进行调整。但是如果遇有下列不正常的飞行姿态，就应进行机身调整，使模型达到正常的飞行状态。

1）波状飞行

波状飞行即飞行轨迹起伏如波浪。这种情况是由抬头力矩过大或低头力矩过小造成的，通俗地讲即由于重心的位置不对，造成力矩不平衡。这种情况可以通过调整飞机的重心位置来改正，还可以通过调整机翼安装角或水平尾翼安装角的大小来改正。

2）俯冲

俯冲即模型大角度下冲。一般称为"头重"，但这种说法不够全面。一切抬头力矩过小，低头力矩过大造成的迎角过小，都会造成航空模型俯冲。对于这种情况可以通过调整飞机的重心位置（使重心后移）来改正，也可以通过加大机翼安装角或减小水平尾翼安装角来改正。

3）急转下冲

急转下冲即模型向左（或向右）急转弯下冲。这种情况多为机翼扭曲造成的左右升力不等，或由尾翼纵向偏转形成的方向偏转力矩引起的。机身左右弯曲的后果与垂直尾翼偏转相同，也可能造成急转下冲。航空模型的调整原理与真飞机调整原理相同，都是通过改变力矩平衡状态来实现的。航空模型急转下冲的情况，可以通过改变机身空气动力面形态的方法改正，具体方法有三种。

（1）型架定形。型架定形是指将翼面按调整需求在型架上固定，以达到改变形态的目的，一般配合加温或涂抹环氧树脂材料来进行操作。这种方法主要适用于构架式翼面的调整。

（2）加热定形。加热定形是指把需要调整的部位用特制的工具扳到一定角度，同时加热固定，固定一定时间使之变形。这种方法不但适用于 KT 复合板航空模型，同样也适用于纸制或木制航空模型。在一般情况下，调整的角度越大，所需加热的温度也越高，保持固定的时间也就越长。

（3）收缩变形。收缩变形是指在需要调整的翼面上，找其中一面刷适当浓度的透布油，这一面将随着透布油的固化收缩而使翼面变形。

## 3. 放飞技巧

放飞时要注意风向、掌握时机，逆风条件下航空模型将获得更大的相对速度，也就意味着航空模型将获得更大的升力，升力大则利于航空模型起飞，而风一般是阵性的，风速和风向在不断地变化，这就要求放飞者要善于捕捉最佳出手时机。

另外还需要有合适的出手速度和恰当的出手角度，出手角度要有一个合适的仰角，一般是 15°～20°，出手速度不是固定不变的，不同的风速、风向要求有不同的出手速度，不同的调整状况对应不同的飞行方式。

# 5.3 航空模型的改进与航线飞行训练

## 5.3.1 航空模型的改进

### 1. 改善滑翔性能

滑翔性能是航空模型在动力故障后安全降落的基础。调整时应注意两个问题。一个是最大限度地减小阻力，模型表面要保持光滑，零部件采用流线型（也包括配重），前、后缘应打磨为圆形，翼面平整不要扭曲等，减小阻力可以增大升阻比，即可以增大滑翔比。另一个是调整到有利迎角。迎角由升降调整片来控制，不同迎角模型的升阻比不同，有利迎角升阻比最大，同一高度的滑翔距离最远。正常滑翔后，还需要微调升降调整片，找到一个最佳舵位。

### 2. 增加机翼的刚性

航空模型做大过载动作时，机翼承受弯曲力矩会变大，容易变形甚至颤振，从而影响航空模型的飞行性能。为此，制作时要小心操作，不可让翼面出现折痕。如刚性仍不足，就需要适当加强。加强方法是在机翼内加装碳纤维杆或增加结构，并在翼根和机身接合处增加碳纤维管。

### 3. 减少航空模型的配重

在保证航空模型重心正常的前提下，应尽量减少配重。航空模型的飞行性能与质量有很大关系，在机身气动外形不变的条件下，质量越小机翼的翼载荷越小，航空模型的飞行性能也就越好。

### 4. 直线飞行的调整

（1）理想的直线飞行是：模型既没有方向不平衡力矩又没有横侧不平衡力矩，即垂直尾翼没有偏角，动力源位于航空模型中轴线或机身两边对称位置，左右机翼接近于完全对称。这种情况阻力较小，力矩接近理想平衡状态。

（2）实际上航空模型总是转弯飞行的，其主要原因是机翼副翼不对称，产生了滚转力矩；或是垂直尾翼有偏角，产生了方向力矩。遇到这种情况时，一定要查明原因"对症下药"，以达到接近理想的直线飞行的目的。这种调整方法称为"直接调整法"。

（3）由于机翼扭曲产生向左滚转的力矩，模型向左倾斜，升力向左的分力使模型左转弯。这种情况无须直接纠正机翼的扭曲，飞行时给一点右舵，也可以使航空模型直飞。这种调整方法称为"间接调整法"。

### 5. 克服前冲失速

克服前冲失速的措施是提高俯仰安定性。具体做法是适当配重，使重心前移，同时相应加大机翼、水平尾翼的安装角差，以保持俯仰平衡。这样，当模型前冲抬头，机翼逐渐接近失速时，水平尾翼因安装角小尚未失速，水平尾翼仍有足够的低头力矩使模型转入滑翔。

克服前冲失速的另一个办法是用较小的迎角飞行。事实证明，迎角越大越容易失速下冲，迎角越小越不容易失速下冲。

失速转弯是机翼扭曲造成的，当机翼扭曲时，必有一侧安装角较大（另一侧较小），接近失速时安装角较大一侧的机翼先失速，并使模型倾斜转弯。间接调整法的缺陷尤其表现在这种情况下，所以机翼的扭曲必须彻底纠正。

### 5.3.2 三种飞行方式

#### 1. 水平直线飞行

水平直线飞行是指通过操控，使航空模型在同一高度面上，保持直线飞行状态。该方式的技巧在于要根据航空模型偏转状态及时、不断地进行调整，如图 5-5 所示。这一飞行方式是航线飞行科目中最基础的，也是必须掌握的。

图 5-5　水平直线飞行

#### 2. P 字形转弯飞行

P 字形转弯飞行是指航空模型转弯时的飞行路线像一个"P"字，其目的是使飞机在转弯时仍能保持在同一高度上，如图 5-6 所示。该方式的技巧在于开始的地点与结束地点要一致，回来的飞行方向就是正反向的回转。大约是呈现 270° 右转弯与 90° 左转弯的情况，也可以采取与这种情况左右相反的方向来进行，利用这些操作加以组合形成 P 字形转弯飞行。P 字形转弯飞行的重点，在于随着风向的变化航空模型会上、下移动，这就要求操纵者能熟练地利用升降舵进行调整，并且在合适的地点让航空模型折返。

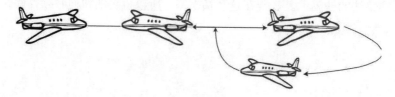

图 5-6　P 字形转弯飞行

### 3. 水平 8 字形飞行

水平 8 字形飞行是指航空模型反复正确做出左转弯与右转弯，使飞行路线呈 8 字形，如图 5-7 所示。这一飞行方式相对较难操作，因为在发动机反扭力与外界紊乱气流的共同影响之下，即使在左右转弯时做出同样的摇杆行程量，也会造成无法协调一致的情况。由于左转弯的回转半径较小，这时机头容易下沉使飞机损失高度，如果这时再加上风向、风速等因素的影响，那么各操控杆之间的配合就更加复杂了。理论上，如果是在上风处进行左转弯，在下风处进行右转弯，那么对不均等的回转半径和高度损失的影响就会减小。要想掌握这一飞行方式就要从训练中不断总结经验，慢慢摸索并逐渐熟练掌握各个操纵杆之间的相互配合。

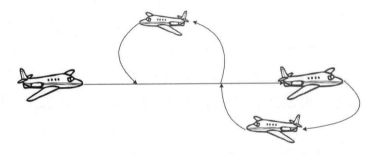

图 5-7 水平 8 字形飞行

# 第6章

06

# 多旋翼飞机飞行原理与制作

    旋翼飞机是与固定翼飞机完全不同的飞行器，固定翼飞机靠发动机产生的动力前进，利用高速气流对机翼的环流产生升力；而旋翼飞机依靠旋翼绕垂直轴的旋转产生升力。旋翼飞机不需要高速水平运动就能产生升力，具有固定翼飞机不具备的垂直升降、悬停、机动灵活等优点，特别适合低空、低速飞行，已发展成为军用和民用领域的多用途运输工具。

    最古老的旋翼飞机模型是竹蜻蜓玩具（见图 6-1），这种玩具发明于一千多年前，直至现在仍能在许多地方看到它的存在。西方关于旋翼飞机的最早记录是 15 世纪意大利的达·芬奇想象的"飞行螺旋"（见图 6-2），但其缺乏可行性，"飞行螺旋"是一种存在于纸上的模型。

图 6-1　竹蜻蜓

图 6-2　飞行螺旋

直到 1907 年，法国人保罗·科尔尼发明了带旋翼的"飞行自行车"（见图 6-3），它可依靠驾驶人做功产生的动力离地 0.3m 飞行 20s，是利用旋翼飞行的最初尝试。1936 年，德国福克公司造出了名为 FW-61 的双旋翼飞机，该旋翼飞机旋翼直径 7m，时速达 90～120km，航程约 200km。它通过控制转速的变化来控制旋翼的推力，利用转轴倾斜角度控制飞行方向，是世界上第一架操纵性能良好，能实际使用的旋翼飞机。

图 6-3　飞行自行车

# 6.1　多旋翼飞机

X2 型双旋翼直升机（见图 6-4）主要是采用现代先进技术，将主旋翼、推进尾桨和发动机进行综合一体化设计，使这种新型共轴双旋翼直升机的性能水平达到传统设计的"双倍"（2X）。X2 型螺旋桨推进技术，是在直升机机身的水平中心轴上分别安装一个纵向和一个横向的螺旋桨旋转系统，当两个螺旋桨旋转系统同时工作时，就会大大提高直升机的水平飞行速度。

CH-47 支奴干直升机（见图 6-5），是由美国波音公司研发并制造的多功能、双发动机、双螺旋桨的中型运输直升机。它拥有两副纵列反向旋转的三片桨叶旋翼，采用前低后高的配置，后旋翼塔较高，径向尺寸较大，起到垂直尾翼的作用，其根部对称配置两台发动机，允许机体垂直升降，而且时速高达 165miles（1mile=1.609344km）。纵列反向双旋翼的好处是，不像其他直升机那样需要一个尾桨来平衡旋翼的扭矩，动力效率高。但也有一些缺点，如两个旋翼必须同步，以避免互相碰撞。并且由于 CH-47 支奴干直升机的尺寸较大，加上两个展达 20m 的旋翼，整架飞机起降时影响到的范围达 100m$^2$。而最大的缺点在于，由于旋翼重叠，产生的气流相互干扰，会导致较大幅度的功率损失，因此至今也只有少数直升机采用了这一布局。

图 6-4　X2 型双旋翼直升机　　　　图 6-5　CH-47 支奴干直升机

　　V-22"鱼鹰"（见图 6-6）是由美国贝尔直升机公司和波音公司联合设计制造的具备垂直起降（VTOL）和短距起降（STOL）能力的倾转旋翼飞机。该倾转旋翼飞机在类似固定翼飞机机翼的两翼尖处，各装有一套可同步转动的旋翼倾转系统。当倾转旋翼飞机进行垂直起飞和着陆时，旋翼轴会旋转到垂直于地面的角度，呈横列式直升机飞行状态，并可在空中悬停、前后飞行和侧飞；当倾转旋翼飞机起飞达到一定速度后，旋翼轴可向前倾转 90°，呈水平状态，旋翼可当作拉力螺旋桨使用，此时倾转旋翼飞机能像固定翼飞机那样以较高的速度进行远程飞行。这种独特的设计使它具有速度快、噪声小、航程远、载重量大、耗油率低、运输成本低、振动小的优点。但是它的缺点也很显著，主要体现在如下几个方面：①技术难度高，因为倾转旋翼飞机既有旋翼又有机翼，在起飞、降落与飞行过程中要进行旋翼的倾转，因此要确定旋翼倾转过程中的气动特性；②旋翼与机翼、旋翼与旋翼、旋翼与机体之间的气动干扰问题；③结构设计复杂；④旋翼在倾转过程中的动力学分析、旋翼/机翼耦合动载荷和稳定性问题；⑤操纵控制技术及操纵系统动力学设计等方都遇到了许多技术难题。

图 6-6　V-22 "鱼鹰"

早期的飞行器，确实是按照旋翼结构类型进行定义的，如固定翼飞机、旋翼飞机、旋翼式螺旋桨飞机。随着电子控制系统的发展，一种旋翼类型可以有多种姿态控制方式，因此按照姿态控制方式或者说飞行控制方式来定义飞行器更容易理解。

固定翼飞机通过机翼产生升力，姿态控制通过副翼、升降舵等机械结构实现（见图 6-7）。

图 6-7　固定翼飞机翼面控制机构

如图 6-8 所示，直升机主旋翼在提供升力的同时，通过周期变距控制主旋翼挥舞实现俯仰、横滚姿态的控制，通过尾桨总距实现偏航姿态的控制。

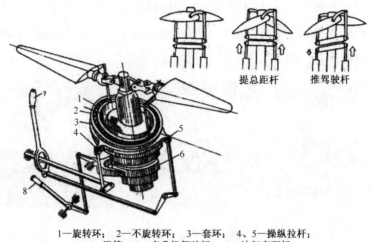

提总距杆　　　推驾驶杆

1—旋转环；　2—不旋转环；　3—套环；　4、5—操纵拉杆；
6—滑筒；　7—直升机驾驶杆；　8—油门变距杆

图 6-8　直升机旋翼控制机构

多旋翼飞机是通过控制多个定距桨（螺旋桨）的正、反旋转及转速，来控制飞机升力并调整飞机姿态的。这样的定义方式能使我们准确了解多旋翼飞机的旋翼结构、升力来源、姿态控制方式。

# 6.2　多旋翼飞机一般结构

多旋翼飞机是一种具有三个及以上旋翼轴的特殊的无人驾驶飞机。它通过每个轴上的电动机转动，带动旋翼，从而产生升推力。旋翼的总距固定，而不像一般直升机那样可变。通过改变不同旋翼之间的相对转速，可以改变单轴推进力的大小，从而控制飞机的运行轨迹。目前最常见的多旋翼飞机主要是四旋翼飞机。如图 6-9 所示为四旋翼飞机，四旋翼飞机采用四个电动机作为旋翼的直接动力源，旋翼对称分布在飞机的前后左右四个方向，四个旋翼处于同一高度，且四个旋翼的结构和半径都相同，电动机 1 和电动机 3 逆时针旋转，电动机 2 和电动机 4 顺时针旋转，四个电动机对称地安装在飞机的支架端，支架中间空间安放飞控系统（飞行控制计算机）和外部设备。

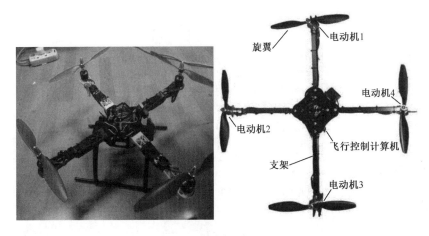

图 6-9　四轴飞机结构

## 6.3　多旋翼飞机控制原理

多旋翼无人直升机发展特别迅速，如四旋翼飞机或六旋翼飞机，这种旋翼飞机仅由旋翼和支承旋翼的构件构成，是一种结构简单轻便、操作灵活的新型飞行器。旋翼成对配置成旋翼偶，每对旋翼偶的转动方向相反，以抵消螺旋桨的空气阻力矩和陀螺力矩。旋转轴与机身固定，分别调整各旋翼的转速可以控制旋翼飞机的姿态和飞行方向。以四旋翼飞机为例，如图 6-10 所示，在机身上以质心 $O$ 为原点建立空间坐标系（$O\text{-}xyz$），$Oz$ 为机身的对称轴，$F$ 为空气动力对旋转中的旋翼叶片产生的推力，$\Omega$ 为叶片旋转角速度。在围绕 $O$ 点的 $\Omega_{i+1}$（$i$=1，2，3，4）处安装旋翼 $B_i$（$i$=1，2，3，4），旋转轴均与 $Oz$ 平行。旋翼 $B_1$、旋翼 $B_3$ 逆时针旋转，旋翼 $B_2$、旋翼 $B_4$ 顺时针旋转，旋翼 $B_1$ 和旋翼 $B_2$，旋翼 $B_3$ 和旋翼 $B_4$ 构成两对旋翼偶。设 $e_z$ 为旋转轴 $Oz$ 的单位矢量，各旋翼的角速度为：

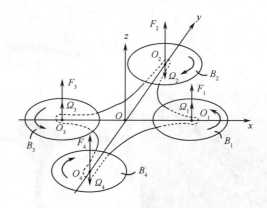

图 6-10　四旋翼飞机的旋翼转速与升力

$$\Omega_i = \Omega_i e_z \tag{6-1}$$

$$\Omega_{i+1} = -\Omega_{i+1} e_z \quad （i=1，3） \tag{6-2}$$

旋翼飞机做匀速直线平动的稳态飞行时，各旋翼偶的角速度相等，均等于稳态值 $\Omega_0$。

$$\Omega_i = \Omega_0 e_i \tag{6-3}$$

$$\Omega_{i+1} = -\Omega_0 e_i \quad （i=1，3） \tag{6-4}$$

如各旋翼的惯性矩相同，则每对旋翼偶的动量矩均相互抵消，总动量矩为零。反向安装的叶片，使反向旋转的旋翼偶产生相同方向的升力 $F_i$、$F_{i+1}$，分别与旋转角速度 $\Omega_i$ 的平方和 $\Omega_{i+1}$ 的平方成比例。

$$F_i = k\Omega_i^2 e_i \tag{6-5}$$

$$F_{i+1} = k\Omega_{i+1}^2 \boldsymbol{e}_i \tag{6-6}$$

阻力矩 $M_i$、$M_{i+1}$ 也与角速度的平方成比例，与旋转方向相逆。

$$M_i = -k_m\Omega_i^2 \boldsymbol{e}_i \tag{6-7}$$

$$M_{i+1} = k_m\Omega_{i+1}^2 \boldsymbol{e}_i \tag{6-8}$$

各旋翼转速的变化可以改变推力矩和阻力矩，使旋翼飞机完成各种飞行模式。例如，同时升高四个旋翼的转速使总升力超过重力时，旋翼飞机即上升；反之，降低全部旋翼转速可使旋翼飞机下降。令旋翼 $B_2$ 的转速升高，旋翼 $B_4$ 的转速降低，旋翼 $B_1$、旋翼 $B_3$ 的转速不变，则旋翼 $B_2$ 的升力大于旋翼 $B_4$ 的升力，产生绕 $Ox$ 轴的力矩，使机身绕 $Ox$ 轴转动，而系统的总动量矩仍保持为零。令旋翼 $B_3$ 的转速升高，旋翼 $B_1$ 的转速降低，旋翼 $B_2$、旋翼 $B_4$ 的转速不变，则产生绕 $Oy$ 轴的力矩，使机身绕 $Oy$ 轴转动，令旋翼 $B_2$ 和旋翼 $B_4$ 的转速升高，旋翼 $B_1$ 和旋翼 $B_3$ 的转速降低，则逆时针方向的阻力矩大于顺时针方向，使机身绕 $Oz$ 轴逆时针转动。反之，令旋翼 $B_1$ 和旋翼 $B_3$ 的转速升高，旋翼 $B_2$ 和旋翼 $B_4$ 的转速降低，则机身绕 $Oz$ 轴顺时针转动。

旋翼飞机为完成各种飞行模式，必须对各旋翼的转速在稳态转速 $\Omega_0$ 的基础上增加修正量 $\Delta\Omega_i = \Delta\Omega \boldsymbol{e}_i$（$i$=1，2，3，4）。仅保留 $\Delta\Omega_i/\Omega_0$ 的一次项，修正后的升力和阻力矩增量为：

$$\Delta F_i = 2k\Omega_0\Delta\Omega_i \boldsymbol{e}_i \tag{6-9}$$

$$\Delta F_{i+1} = -2k\Omega_0\Delta\Omega_{i+1} \boldsymbol{e}_i \tag{6-10}$$

$$\Delta M_i = -2k_m\Omega_0\Delta\Omega_i \boldsymbol{e}_i \tag{6-11}$$

$$\Delta M_{i+1} = -2k_m \Omega_0 \Delta \Omega_{i+1} e_i \qquad (6\text{-}12)$$

各种飞行模式对应角速度增量的符号及导致升力和阻力矩的增减如表 6-1 所示。

表 6-1　飞行模式对应各项变量

| 飞行模式 | 各量变化 | | | | | | | | | | | |
|---|---|---|---|---|---|---|---|---|---|---|---|---|
| | $\Delta\Omega_1$ | $\Delta\Omega_2$ | $\Delta\Omega_3$ | $\Delta\Omega_4$ | $\Delta F_1$ | $\Delta F_2$ | $\Delta F_3$ | $\Delta F_4$ | $\Delta M_1$ | $\Delta M_2$ | $\Delta M_3$ | $\Delta M_4$ |
| 上升 | + | − | + | − | + | + | + | + | − | + | − | + |
| 下降 | − | + | − | + | − | − | − | − | + | − | + | − |
| 绕 $x$ 轴转动 | 0 | + | 0 | − | 0 | 0 | 0 | + | 0 | − | 0 | + |
| 绕−$x$ 轴转动 | 0 | − | 0 | + | 0 | + | 0 | − | 0 | + | 0 | − |
| 绕 $y$ 轴转动 | + | 0 | − | 0 | + | 0 | − | 0 | − | 0 | + | 0 |
| 绕−$y$ 轴转动 | − | 0 | + | 0 | − | 0 | + | 0 | + | 0 | − | 0 |
| 绕 $z$ 轴转动 | − | − | − | − | − | + | − | + | + | + | + | + |
| 绕−$z$ 轴转动 | + | + | + | + | + | − | + | − | − | − | − | − |

下面特别说明 Y6 和 Y3 两种飞行器控制方式。

Y6 是一种特殊的六旋翼飞机（见图 6-11），一般的六旋翼飞机有六个轴，而 Y6 有三个轴。Y6 每个轴的顶点上、下各有一个旋翼，共有六个旋翼，整体布局为三角形，也可以称为三角飞行器。上、下两个旋翼旋转方向相反以平衡扭矩，可控制转速以调整姿态。其旋转方式如图 6-12 所示，其中虚线标注为逆时针方向（CW）旋转，实线标注为顺时针方向（CCW）旋转。

Y3 即三旋翼飞机（见图 6-13），其飞行控制方式如图 6-14 所示，其中虚线标注为 CW 旋转，实线标注为 CWW 旋转，一般在其中一个旋翼处增加伺服舵机调控飞机的飞行姿态，为保证各种飞行模式能稳定实现，三旋翼飞机必须配置高可靠度的自动控制系统。自由飞行的飞机在空中有六个自由度，需要六个独立的控制变量实现姿态和方向的控制。四旋翼飞机的四个旋翼转速作为控制变量少于自由度数，是控制理论中的欠驱动系统。

必须根据欠驱动系统的特殊规律完成控制系统的设计。

图 6-11　六旋翼飞机　　　　　　　　图 6-12　旋转方式

图 6-13　三旋翼飞机　　　　　　　　图 6-14　飞行控制方式

## 6.4　多旋翼飞机的核心控制系统

多旋翼飞机的核心控制系统为电子硬件系统和软件系统，旋翼不同的飞机要求有不同的电子硬件系统和软件系统，下面以四旋翼飞机为例，介绍四旋翼飞机的核心控制系统。

高速机动飞行中的四旋翼飞机对系统的反应速率、环境感知能力和判断能力有较高的要求。同时，为了有效评价实验结果，高速率存储大量实验数据，就要求必须从软件系统设计上尽量做到合理利用硬件资源。考虑到实验过程对软件系统任务规划的灵活性和对成本的约束，建议采用uC-OSII操作系统。uC-OSII是目前世界上最小的操作系统内核软件，它是1992年由Labrosse J. J.推出的，具有内核小、实时性强、稳定性高、任务切换快、可移植性好等优点，现已被众多研究者作为操作系统的样板移植到各种硬件平台上。

根据飞控系统软件流程图（见图6-15）将软件分为四个模块来设计，即系统初始化模块、主控模块、数据通信模块、数据存储模块，每个模块对应一个优先级不同的任务。其中，初始化模块的功能是开机自检；主控模块又包括数据采集模块、控制运算模块、控制率输出模块三个子模块，数据采集模块的功能是通过串口和A/D转换采集传感器、GPS的值及地面站传输的上行指令，控制运算模块的功能是进行姿态解算和控制率计算，控制率输出模块的功能是把控制率输出到驱动舵机；数据通信模块的功能是将采集和控制计算的数据通过数据链传输到地面控制台；数据存储模块的功能是将采集和控制计算的数据存储到SD卡中。

在本节的设计中采用的驱动器最大输出拉力超过15N，在维持四旋翼飞机悬停飞行的基础上，留有保证其机动性的剩余动力。针对性设计的控制系统满足导航解算及飞行控制的双重要求。总体设计适合非零初始状态镇定控制的实验要求。

电子硬件系统中主控芯片的计算能力是设计飞行控制器的最主要指标之一，而主控芯片在一定计算负载下的最大刷新率，在很大程度上影响了飞机在高速运动过程中的控制精度。以最大角速度为300°/s计，如果系统控制周期为0.02s，则每个控制周期可产生的最大误差接近6°。在平移运动方面，以最大速度3.5m/s计，在0.02s的工作周期内，每个控制周期可产生的最大平移误差为 70mm 左右。从上述数据来看，以往采用 0.02s 的工作周期，不足以满足机动飞行的需求。根据以往的实验经验，在一个控制周期内，1° 的误差是可以接受的。仍以 300°/s 为最大角速率计，控制周期应该在 0.002s 内，才能满足要求，而相应的线速度误差为 10mm，足以满足位置控制需求。

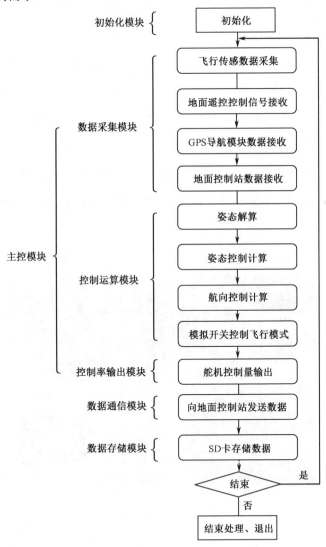

图 6-15　飞控系统软件流程

如图 6-16 所示为一款较为常见的电子硬件系统。在本节的设计中采用两款常用的主控芯片，分别为 LPC2368（ARM7 芯片）和 LPC3250（ARM9 芯片）。这两款芯片均为 NXP 公司出品的工业级 ARM 芯片，分别作为顶层和底层的主控芯片，其主频别为 72MHz 和 300MHz。根据经验，在目标数据处理量上，这两种芯片可以满足 100Hz 的刷新率要求。选取组内已采用的主控芯片，在客观上加快了系统建设的速度。在传感器方面，本节的设计针对室外环境采用 GPS+电磁罗盘+IMU+气压计的传感器组合，其型号为：uBlox6、3DMG、ADIS16405BMLZ 和 MPXA6115。此外，系统保留了 MK（德国 Mikrokopter 四旋翼）驱动系统。实践证明，MK 自带的电调和电动机性能可靠，有比较强的瞬间增速能力，适合机动飞行对快速响应的要求。通信系统采用 Futaba 的接收机作为遥控操作的信号接收装置，采用 FreeWave 公司的 LRS415 系列数据传输系统作为地面站和飞行机器人的双向通信工具。

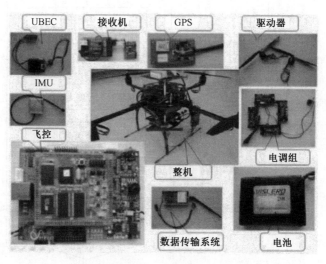

图 6-16　电子硬件系统

## 6.5　多旋翼飞机的特点

多旋翼飞机降低了商业无人机的门槛，使商业无人机更加普及。然而在很多飞行器设计师的眼中多旋翼飞机是一个非常"奇怪"的存在，它没有固定的气动外形，外观上就像是一些元器件堆凑在一起的产物。从许多方面来看，多旋翼飞机的缺点非常多，但是因其具有非常鲜明的优点而成为当下无人机市场的新宠。

### 1. 多旋翼飞机的优点

从飞机操作者的角度来看，多旋翼飞机是完美（简单）的被控对象，虽然它还是非线性的、非最小相位系统的。由于多旋翼飞机不需要借助机翼来获得升力，因此不用考虑其气动外形的设计，借助于电路的集成化、小型化，多旋翼可以做成如手掌大小，如图 6-17 所示。此外，多旋翼飞机可以很容易产生统一方向的气流推送，因此具备优秀的 VOTL 能力与定点悬停能力，而这是一般固定翼飞机望尘莫及的。

图 6-17　掌上四轴飞机

同时，对称的旋翼布局使其操控简单直接，姿态调整时只须成对改变旋翼转速，就可提供非常"直接"的姿态力矩。其他旋翼飞机一般会有一个复杂的动力学过渡过程，对操作者的控制要求也提升了很多。

### 2. 多旋翼飞机的缺点

首先，其气动效率非常糟糕。固定翼飞机的结构是根据飞行生物仿生设计的完美飞行器结构。如图 6-18 所示，固定翼飞机在空中可以借助气流产生升力，姿态变换可通过"借力"来实现（还是要有执行器控制相应的机械结构，但省"力"很多），螺旋桨或者喷气发动机只提供额外的飞行速度。而多旋翼飞机需要安装与旋翼数相同的电动机来提供升力，在飞行过程中完全没有办法借助空气动力。多旋翼飞机的姿态变化和飞行速度全部来自机载动力，自身的能量消耗巨大，效率非常低。

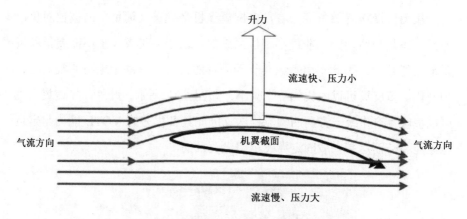

图 6-18　固定翼飞机机翼升力产生原理

其次，在机动性方面，直升机型飞机的机动速度与飞行包络都明显优于多旋翼飞机，如果在机动过程中充分考虑直升机机身与主旋翼之间的作用力耦合，并在控制算法中巧妙地加以利用，则可以增强直升机的机动性，降低能耗。但对于多旋翼飞机而言，其机动过程既不美观也不经济。

最后，当多旋翼飞机大型化，也就是尺寸系数上升后，意味着需要提供更大的升力，即要求更大尺寸的定距桨，这不但会面临动力模块更

大的难题，同时众多大尺寸旋翼在一个平面中旋转会使实际的控制变得
更加困难。

## 6.6　多旋翼飞机的制作

本节以图 6-19 所示的四轴飞机制作过程为例。

图 6-19　组装完成的四轴飞机

### 6.6.1　配件

#### 1. 飞控系统一个

本套设备采用 Ardupilot 飞控系统（见图 6-20），Ardupilot 是一套性价
比较高的无人机自动飞行控制系统。它基于 Arduino 平台，提供免费的开源
固件，支持固定翼、多旋翼、直升机的飞行控制。该系统通过 MAVLink 协
议，支持双向遥测和飞行控制命令，能够低成本、快速地进行小型无人机
应用开发。

图 6-20　Ardupilot 飞控系统

### 2. 电动机四个

小功率的电动机可以选用朗宇 A2212（见图 6-21）或银燕 2212（见图 6-22），它们的动力都可以满足在不加载其他图传设备的情况下的空机正常飞行。大功率的电动机可以选用 F4006、2216、4108 或 3508，这些都是比较主流的电动机。

图 6-21　朗宇 A2212　　　　　　　图 6-22　银燕 2212

### 3. 电调四个

电调的选择对于多轴飞机来说响应越快越好，多轴飞机需要的就是快速响应。电调响应越快也就意味着价格越高，对于普通航空模型爱好者来说考虑更多的是性价比，条件较好又追求性能的航空模型爱好者可以选用更优质的电调。本节的四轴飞机选用的是好赢天行者 40A 电调（见图 6-23），其性价比相对较高。

图 6-23　好赢天行者 40A 电调

### 4. 桨四个

桨对于四轴飞机来说算是一种耗材，这里推荐选用 APC1047（见图 6-24），价格合适、柔韧性强；也可以选用 1045 碳桨（见图 6-25），这种桨的性能更好，价格也更高。

图 6-24　APC1047　　　　　　　图 6-25　1045 碳桨

### 5. 机架一套（带配电板）

推荐使用半成品机架，考虑经济性和实用性，可以选用 F450（见图 6-26）；如果动手能力较强，可以使用铝方管材料自己动手组装、铝方管材料的质量较轻，价格也较低。初次组装飞机最好不要配脚架，起降的时候容易翻。

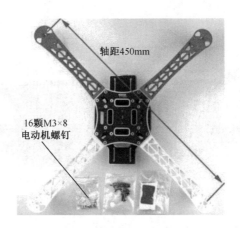

图 6-26　F450

### 6. 遥控器和接收机

可以使用安全性和可靠性较高的天地飞 7、天地飞 9、华科尔 D10 或 Futuba。本套设备使用的是天地飞 7 遥控器（见图 6-27），它采用全中文菜单，操作简单，性价比高。

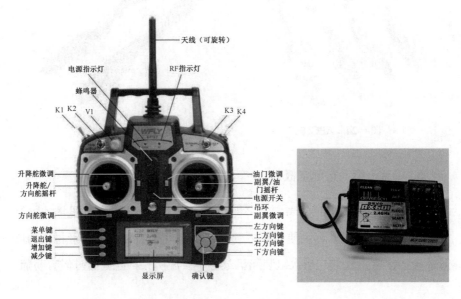

图 6-27　天地飞 7 遥控器和接收机

### 7. 电池

本套设备使用的是格式 3S 2200mAh 25C 电池（见图 6-28）；也可以选择其他品牌，如达普、双天，重量较轻，价格也比较合适。

### 8. 充电器

在四轴组装完成后的调试过程中，需要进行大量试验，电池要不断地进行充放电操作。选择一个充电效率高的充电器将会缩短试验时间，推荐一种用得较多的充电器，即 B6 平衡充电器（见图 6-29），大电流充电，安全快速。

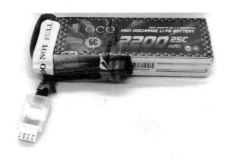 

图 6-28　格式 3S 2200mAh 25C　　　　图 6-29　B6 平衡充电器

## 6.6.2　组装

### 1. 焊接电调电源线与电池电源线

如图 6-30 所示，将电调电源线和电池电源线分别焊接到分电板的相应位置上。焊接时应注意正负极位置，电调正负极接反会使电调直接损坏。

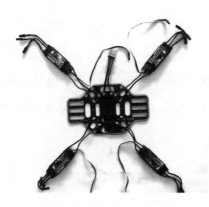

图 6-30　焊接电调电源线

## 2. 连接机架

根据说明书将机架各组件用相应的螺钉、螺栓固定，连接时务必确保各组件结合紧密。将电调用扎带固定到机架上，组装完成后的机架如图 6-31 所示。

图 6-31　机架安装

## 3. 安装电动机

先将四个电动机的接头焊接牢固，分别套上热缩管，以避免短路。接头焊接完成后，将电动机用螺钉固定到机架指定位置上，安装完成后先不要连接电动机与电调的接头，如图 6-32 所示。

图 6-32　电动机安装

### 4. 连接电调与飞控系统、飞控系统与接收机

参照电调、飞控系统、遥控器的说明书，将各个插头插接到相应位置，插接完成后如图 6-33 所示。

图 6-33　飞控系统和接收机的安装

### 5. 装桨

调试时一定不要装桨，以免电动机出现失控发生意外，调试完毕可以起飞时再装桨。

### 6.6.3　试飞

（1）确保各个器件之间连接正确可靠，桨的方向正确，电动机转向正确，如果是管状机臂一定要将电动机底座调水平。确保遥控器电量充足。遥控器的通道与飞机各个动作对应，此处可以在地面调参软件中查看。

（2）手法。对于第一次接触四轴飞机的新手来说，切记不可急躁，推杆时一定要一点一点地慢慢推，要慢且稳。起飞时有地面效应，如果飞机乱晃可以适当加大油门。起飞要果断，飞控系统只有在离地以后才会自动修正姿态。

（3）场地。最好是在空旷、无人的郊外，千万不可在高压线附近飞行。如果是在市区内试飞，一定要远离人群、楼群和街道。

# 第7章

**07**

# 多旋翼无人机的工程应用

近年来，多旋翼无人机作为一种新型无人机在诸多领域得到了快速发展，并越来越多地投入到工程应用中。多旋翼无人机是由多个系统组成的飞行平台，它一般通过无刷电动机驱动的螺旋桨组成单组旋翼动力系统，由惯导系统、飞控系统、GPS 定位系统、电子罗盘、电调及无线遥控系统组成控制驱动部分，由高性能聚合物锂电池作为动力源部分。它能实现前进后退、侧飞、定点悬停、定点环绕、定轴旋转等飞行动作。多旋翼无人机作为飞行载体可携带影像器材、通信器材、采集器材、特殊器材等升空，可实现航空飞机及遥控飞机难以达到的作业需要。多旋翼无人机技术在很多国家已有了成熟的产品，我国自2009 年开始着手研发，目前已有自主研发产品应用于公安、边防、消防、航空拍摄、农业病虫害监控和农药喷洒等领域，替代了过去价格昂贵、操作性复杂、运行成本高的油动固定翼飞机、直升机航空模型。图 7-1 所示为一种常见的六旋翼无

图 7-1　六旋翼无人机

人机，这种无人机结构简单、容易组装、载重高，一般用作大型航拍或农田喷雾作业载体。

# 7.1 多旋翼无人机在农业中的应用

## 7.1.1 农业信息获取

精准农业是当今世界农业发展的新趋势，它以信息技术为支撑，根据空间变化，定时、定量、定位地实施一系列现代化农业管理与操作，是信息技术与农业生产全面结合的新型农业。现阶段实施的精准农业技术体系由农田信息获取系统、信息处理系统与智能化农业机械三个部分组成，其中农田信息获取系统是精准农业的实施基础和关键技术之一。但是目前面向农业生产应用中的信息获取技术研究仍然十分匮乏。

现阶段获取农田信息的方式主要包括卫星遥感、大型飞机航拍、手持或车载式信息采集和无人机农田信息获取等。我国地域、气候情况复杂，种植的作物品种多样，农户规模较小，传统的农田信息获取技术获取的是整体农田信息，不能精准反馈给农户各自的农田信息，并且传统农田信息获取方式受成本和作业周期等的影响，其时效性较差且易受云雾的干扰，难以满足现代农业生产和信息获取的需求。而无人机农田信息获取系统在低空活动的优势可以弥补传统获取方式的不足，拥有更好的发展前景。多旋翼无人机作为一种快速发展起来的新型无人机，在各个领域都得到了很好的应用，它的优点是能够垂直起降和实现悬停，可在较小范围内实施低空农田信息采集，无须对农田进行破坏性采样，不受农田环境中空域的影响，更利于获得清晰与准确的农田信息。在实际操作过程中，可通过机载不同的传感器来获取不同的数据，满足大型农场、城镇农田土地信息获取的需求，代替了大部分人工采集工作。图 7-2 所示为一架载有摄像机的四旋翼无人机，在田间进行农田信息获取，获取的信息将通过图传设备回传到控制端。

图 7-2　无人机采集农田信息

## 7.1.2　植物保护应用

我国经济的高速发展促使城市化进入了快速期，大量青壮劳动力涌入城市，给城市发展提供了充足的劳动力，但是这样的快速发展也给我国的基础产业——农业带来了不小的冲击。我国作为农业大国，农作物病虫害的防治任重而道远，1.1 亿公顷（公顷简写为 $hm^2$，$1hm^2=10000m^2$）的基本农田每年需要大量的农业植物保护作业（简称"植保作业"）。随着我国农村土地流转的不断加速，越来越多的农民开始规模化经营，经营上千亩甚至更多土地的农场主越来越多。

使用无人机代替人工进行农田喷雾施药，作业效益得到大幅提高，如航匠的赛维植保无人机每小时作业可达上百亩，极大地节约了施药用工成本，并且能在较短时间内实施大范围防控工作，较大规模的农场运用无人机，尤其可以及时高效地防治病虫害。这在青壮年劳动力结构性短缺，农业劳动力成本持续提高的情况下，对农业的稳定发展起到了积极的促进作用。

多旋翼无人植保机与其他无人植保机相比，拥有更好的操控性能，可以进行更精准的喷洒作业。如图7-3所示，多旋翼无人植保机喷洒作业时，药液雾滴从喷洒器喷出，同时被旋翼向下的气流带动加速形成气雾流，增加了覆盖面积和作物表面的药液沉积，提高了药液利用率。由于多旋翼无人植保机采用远程操纵，避免了因人员与药物的长时间接触而引发的中毒。

图7-3 利用多旋翼无人植保机进行喷洒农药作业

近几年，越来越多的多旋翼无人植保机出现在农田中，在替代大量人工作业的同时，也显现出了许多的问题，这就需要对多旋翼无人植保机进行针对性的优化。

首先，现阶段的多旋翼无人植保机负载能力都比较小，载荷一般在5～10kg，可以满足小范围的作物植保作业，如果是进行大范围的作物植保作业，其缺点就显而易见了。其次，续航时间都比较短，在进行植保作业时需要频繁地更换电池，限制了多旋翼无人植保机单位时间内的作业量。最后，其可靠性、自主避障能力较差，在实际操作过程中存在安全隐患。因此，多旋翼植保无人机研发、制造企业需要改进多旋翼动力系统，提高动力系统功率和效率，增加多旋翼植保无人机的工作载荷；开发新型电池，提高电池储能，降低电池重量，从而增加多旋翼无人植保机的续航时间；研发更加可靠的飞控系统，增加传感器装置并整合到飞控系统中，提高多旋翼无人植保机的自主控制能力。

# 7.2　多旋翼无人机在输电线路巡检中的应用

现阶段对输电线路的巡检主要采用人工目测巡检、直升机巡检及无人机巡检三种作业方式，人工目测巡检需要工作人员爬上高压输电线路，劳动强度大、危险系数高、工作效率低。直升机巡检主要采用工作人员乘坐直升机目测巡检和挂载吊舱巡检两种巡检方式，直升机靠近高压输电线路飞行，容易引发重大飞行事故，严重威胁机载人员安全，并且采用直升机巡检的费用比较昂贵，这些都限制了直升机巡检的应用。无人机巡检主要是通过无人机自动导航或者是由人工控制的方式对输电线路进行图像或视频信息的采集。工作人员根据图像和视频可以直观监测输电线路外观运行情况及线路周围树木生长情况，降低电力巡查成本，提高巡检作业的质量，增强电力生产自动化综合能力。

目前，应用于输电线路巡检的无人机机型主要有固定翼无人机、无人直升机及多旋翼无人机。固定翼无人机载荷大、飞行速度快、续航时间长，但是不能悬停。这种机型一般用于输电线路的整体普查，及时发现线路下的违章建筑和高大树木，并可用于灾后应急评估，为救灾抢险提供第一手资料。无人直升机能够定点起飞和降落，并且可以进行空中悬停，但是其速度不如固定翼无人机，续航时间较短，不适合长距离巡检，而且成本较高，飞行操作较为困难。多旋翼无人机相较于固定翼无人机和无人直升机而言，体积小、重量轻、便于携带和安装、飞行机动灵活、操作简单、悬停稳定性高、抵御阵风能力强，因此多旋翼无人机巡检，正逐步成为无人机巡检的主要方式。如图 7-4 和图 7-5 所示，多旋翼无人机可以通过可视化和避障功能对线路杆塔、绝缘串、金具等设备进行图像信息采集，多旋翼无人机采集图像或视频并回传后，工作人员可通过对回传资料的分析，直接检查线路情况，便于制订检修方案。

图 7-4　多旋翼飞机巡检输电线路

图 7-5　工作人员操控多旋翼无人机进行巡检作业

## 7.2.1　多旋翼无人机巡检工作内容

多旋翼无人机能够完成的输电线路巡检工作可以归纳为五大类，即杆塔类、导地线类、绝缘子类、金具类和通道类。杆塔类主要包括塔材塔身严重变形、破损和倾倒，杆塔存在异物，塔材缺失、标示牌或警示牌丢失。导地线类包括变形断股、放电烧伤痕迹、压接管过热、有异物等。绝缘子类包括绝缘子自爆、绝缘子表面放电、绝缘子表面污损、绝缘子破损倾斜等。金具类包括各类线夹、均压环、间隔棒、防振锤的破坏、破损的变形等。通道类包括线路走廊内存在超高树木、违章建筑、高空工程作业及其他危险因素。表 7-1 为多旋翼无人机巡检可完成任务的具体区分。

表 7-1　无人机巡检可完成的任务

| 设　备 | 可见光检测 | 红外光检测 |
| --- | --- | --- |
| 导线 | 断股、异物悬挂 | 发热点 |
| 线夹 | 松脱 | 接触点发热 |
| 引流线 | 断股 | 发热点 |
| 耐张管 | 破损 | 发热 |
| 接续管 | 破损 | 发热 |
| 绝缘子 | 闪落迹象、缺损、污损、异物悬挂 | 击穿发热 |
| 杆塔 | 损坏、变形、紧固金具松脱、塔材被盗缺失 | |
| 线路走廊 | 植被、违章建筑 | |

## 7.2.2　多旋翼无人机巡检作业流程

科学规范的作业流程可以提高多旋翼无人机巡检作业的效率和安全性，保证巡检工作质量。经过丰富的理论研究和现场测试，制订合理、规范的多旋翼无人机巡检作业流程，如图 7-6 所示。

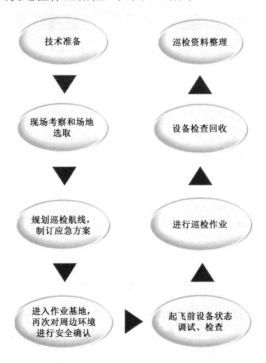

图 7-6　多旋翼无人机巡检作业流程

### 1. 巡检准备阶段

多旋翼无人机巡检作业前，工作人员应先了解巡检线路区段的地形地貌、气候条件情况，在巡检线路图上标记输电线路杆塔高度、坐标，以及机场、变电站等主要设施位置，根据了解到的标记情况，设计好多旋翼无人机的飞行高度、巡检范围、拍摄间隔、起飞和返航的路线，制订好应急方案。图 7-7 所示为工作人员在组装调试多旋翼无人机巡检系统设备，即起飞前的地面准备工作。

图 7-7　地面准备工作

### 2. 巡检实施阶段

准备工作完成后，工作人员将进入巡检实施过程。在巡检过程中工作人员应严格按照规定流程，操控多旋翼无人机实施空中巡检作业，保证了工作人员和设备的安全，提高了巡检效率。

### 3. 巡检数据处理

多旋翼无人机在巡检过程中采集的图像信息，需要工作人员进行人工分析，进而发现杆塔线路上存在的问题和隐患。这种由工作人员对图像信息分析间接巡检的方式，在实际运行过程中暴露了大量问题。在天气不好的情况下（如雾霾天、阴天等），多旋翼无人机拍摄的图像质量会下降，加大了工作人员的分析难度。为了提高多旋翼无人机巡检作业的工作质量，相关部门正在尝试研发一套针对多旋翼无人机巡检图像的智能处理系统，该系统可以对拍摄的图像进行去噪、去模糊等预处理，然后结合导线、杆塔、绝缘子及其他相关设备的物理特点，利用图像识别和比对算法对预处理的图像信息进行比对分析，然后再由工作人员对系统发现的问题进行进一步分析，从而确定线路故障。整个系统的工作流程如图 7-8 所示。

图 7-8　图像识别系统流程

## 7.3　多旋翼无人机在水文监测中的应用

我国国土面积辽阔，河流众多，水资源丰富，但水土流失比较严重，这对国民经济的发展与人民群众的财产安全影响重大。因此，必须进行必要的水文监测，及时掌握水文信息。

现阶段水文基础设施建设的整体水平落后于社会发展的需求，是我国水文监测建设发展过程中的主要矛盾。信息是水文决策的基础，及时的水文信息对分析和判断水文形势、科学有效地制订水文发展方案有着不可替代的作用。由于我国河流、湖泊数量众多且比较分散，要进行全面及时的水文监测就需要进行繁重的信息采集工作。多旋翼无人机有低空高机动性、高可靠性、操作性好的特点，使其在水文监测的应用中有着独特的优势，在洪涝灾害、干旱缺水、水资源污染、河道堵塞等相关领域上，多旋翼无人机也发挥着巨大的作用。

### 7.3.1　水资源调查、水资源用地巡查

在传统的水资源调查、水资源用地巡查中，多采用人工的方式进行，勘查工作人员需要携带相机从高处给河流湖泊拍照、以乘船的方式对水资源用地进行巡查。采用这种方式会存在大量的巡查死角且费时费力，无法精确地执行勘测测量。多旋翼无人机机动灵活、可以定点悬停的特点刚好能满足这些工作的要求，利用多旋翼无人机可以对巡查对象进行大范围拍摄，又可以对重点巡查对象进行定点拍摄，图 7-9 所示为多旋翼无人机实地巡查水资源拍摄的照片，准确及时地反映了现场的水文信息。

图 7-9　水资源巡查成图

地面工作站通过多旋翼无人机航拍测绘的信息，可以准确分析水资源的实时动态，提高工作效率，对准确绘制水资源面积、水资源地理信息巡查图起到了不可代替的作用。

### 7.3.2　水灾监控及水域警戒

当水灾发生后，需要对受灾区域进行及时监控定损，传统的方式是工作人员乘坐直升机在受灾区域上空观察受灾情况并拍摄取证，由于需要重复拍摄以掌握灾害动态，因此加大了工作强度和工作成本。受直升机数量的限制，这种方式在洪涝灾害发生时无法快速大范围布控，效率较低，不能及时反馈整体灾害信息，并且人工拍摄角度没有鸟瞰图立体。在这种情况下，可利用大量多旋翼无人机划分作业区域，快速从空中拍摄受灾区域，高效准确地传递现场信息、监视险情发展，为防汛决策提供准确的信息。此外，在抗旱监察工作中，多旋翼无人机可以代替工作人员深入田间地头，实时地掌握每个地区、每个灌区的水源储量，以及外河、外湖水位的变化情况，为实施蓄水抗旱工作提供准确的信息支持。

多旋翼无人机特别适用于突发事件的应急管理，通过航拍实时监测可以清晰地了解受灾面积；通过航拍成图划分水域警戒线，大大降低了防汛抗旱工作人员承担的风险，提高了处理紧急预警突发事件和灾害的办事效率，为救援人员提供宝贵的搜救信息。图 7-10 所示为在四川绵竹泥石流现场，多旋翼无人机应急抢险的航拍图，及时有效地反映了实况，对救援人员快速分析险情制定救援策略起到了巨大促进作用。

图 7-10　多旋翼无人机航拍图

### 7.3.3　水库蓄水水位监测和河流水文监测

水库蓄水水位监测和河流水文监测是我国水文监测的重要环节，与人民群众的生命安全和财产安全息息相关。水库蓄水水位监测的传统方式是通过工作人员携带相机在水库大坝围栏上对水库浮标进行拍照取证来获得水位信息，由于是在水库大坝周边作业，因此增大了安全隐患。河流水文监测的传统方式是通过人工乘船的方式对上下游河流水文状况进行调查取样，如果在监测过程中遇到大面积河流污染的情况，工作人员就无法精确地执行水质监测，同时由于作业面积广阔，人工监测调查缓慢，不利于及时掌握河流的水文动态。利用多旋翼无人机代替人工进行水库蓄水水位监测和河流水文监测，既可以保证工作人员的安全又可以快速地对被监测对象进行实时监控，尤其是在水库边缘环境比较恶劣的地段，多旋翼无人机可自如地完成监测任务，大大提高了工作效率。图 7-11 所示为工作人员操纵多旋翼无人机对河流进行水质取样。

图 7-11　多旋翼无人机对河流水质取样

### 7.3.4　冰凌应急监测

我国北方地区的一些河流，到了冬季经常出现凌汛，其中黄河内蒙古河段最为严重。目前，我国排除凌汛的主要方式是利用轰炸机投放重型炸弹轰炸或人工定点爆破阻塞河道的冰坝。轰炸或爆破后的河段冰层大面积破裂，河道水流迅速加快，人工上冰探查炸点十分危险。为了安全、准确地掌握黄河凌汛情况和轰炸、爆破的效果，多采用多旋翼无人机进行应急监测，这种监测方式具有人力成本低、时间快、复查周期短、安全高效等优势。图 7-12 所示为多旋翼无人机搭载拍照装置对黄河河道冰凌进行航拍，根据航拍影像可以进行凌汛险情调查，为后续应对险情、排除凌汛提供可靠依据。

图 7-12　无人机进行冰凌应急监测

## 7.4　多旋翼无人机在海事中的应用

随着经济的高速发展，我国海上产业也呈现出了多样化的趋势，海上的权益冲突也越来越多，海事部门的监管面临着巨大挑战。而多旋翼无人机在海事中的应用则大大减轻了监管机构的工作负担，对维护国家海洋权益起到了巨大的作用。

依据我国海事部门的职责并结合多旋翼无人机的独特优势，多旋翼无人机主要应用在船舶碰撞、溢油事件的应急调查取证和海上事故的应急搜寻救助两个方面。当管辖海域发生船舶碰撞、溢油事件后，需要及时进行现场调查取证。如图 7-13 所示，多旋翼无人机可搭载摄像机等设备快速进行现场取证，并将现场情况实时地反馈给应急指挥中心。海上溢油事件发生后的前几小时是最有效的行动时机，一旦溢油扩散将很难清除。多旋翼无人机可以搭载专用设备对目标海域进行溢油监测，这种监测方式受光照、天气及海况的影响较小，必要时多旋翼无人机可搭载相关设备直接参与清除溢油的工作。

图 7-13　多旋翼无人机进行调查取证

在搜救海上事故遇险人员的过程中，海况一般都比较恶劣，救援船舶很难确定遇险人员的准确位置，无法快速接近遇险人员进行救助。多旋翼无人机具有视野开阔、机动灵活、受海况影响小的优势，能够快速搜寻目标区域，并可在发现遇险人员后，悬停在遇险人员上空进行实时监测，然后引导救助船舶进行救助，使救生成功率大大提高。

# 第 8 章

# 航空模型比赛

## 8.1 航空模型运动的发展

在人类历史上，航空模型有着浓重的一笔。早在飞机发明之前，就有一些先驱摸索、模仿动物的飞翔特点，设计制作早期的飞行器。春秋时代，鲁国的鲁班曾制造能飞的木鹊。在近代，不少人都曾使用航空模型进行探寻和实践。

1903 年，莱特兄弟发明第一架有人驾驶飞机后，航空模型运动逐渐开展起来。20 世纪 20 年代，欧美国家普遍开展了航空模型运动。正式的航空模型比赛是由国际航空运动联合会管辖的。国际航联之下设有国际航空模型委员会，负责拟订和修正航空模型运动规则，决定世界锦标赛和其他有关赛事。1926 年，国际航联开始举办国际航空模型比赛。当时参加比赛的航空模型仅有橡皮筋动力航空模型，比赛的名次以留空时间长短决定。20世纪 50 年代后，国际航联对角逐的方法和内容进行了变革，并且分别设定了比赛项目和纪录项目。1920 年，留学生桂铭新在美国举办的航空模型比赛中摘得桂冠。1940 年，中国的首次航空模型比赛在香港举办。1949 年以后，中国的航空模型运动开始迅速发展，从 1956 年起，每年举办全国性比赛。1959 年，中国运动员王塨首次打破航空模型世界纪录，比赛现场如图 8-1 所示。而后中国运动员屡次打破世界纪录，并多次在国际性航空模型比赛中取得优异的成绩。

图 8-1　比赛现场

竞赛航空模型是一种有尺寸和重量限制的飞行器，分为自由飞行类（代号 F1）、线操纵圆周飞行类（代号 F2）、无线电遥控飞行类（代号 F3）、像真模型类（代号 F4）等，共 26 种。航空模型竞赛主要分为比赛项目和纪录项目，图 8-2 所示为"吊机"飞行特技，图 8-3 所示为"钟摆"飞行特技。

图 8-2　"吊机"飞行特技　　　　图 8-3　"钟摆"飞行特技

## 8.2　航空模型锦标赛

航空模型运动被列入世界锦标赛的项目有 12 个,分别为自由飞行类(三项)、线操纵圆周飞行类（四项）、无线电遥控特技飞行类、无线电遥控模型滑翔机、像真模型（两项）和室内模型，各锦标赛每两年举行一次。欧洲和其他国家还会举办一些公开赛。

### 8.2.1　自由飞行类

按动力装置和飞行方式分，自由飞行类航空模型又分为下列三种。

#### 1. F1A-国际级牵引模型滑翔机

F1A-国际级牵引模型滑翔机是一种无动力滑翔机,运动员用一条 50m 长的牵引线，将航空模型牵引至半空中，到达一定高度后脱钩，在空中自由滑翔（翱翔），如图 8-4 所示。在比赛过程中，每名选手要进行七轮次的飞行。每次飞行的时间最长为 180s，超过时间后本次飞行不予计分。比赛成绩以七轮飞行的累计得分排列名次。当有两名以上运动员在飞满七轮比赛后都获得满分，则要在七轮比赛后进行决赛。

#### 2. F1B-国际级橡筋航空模型

F1B-国际级橡筋航空模型依靠模型上的一束重 40g 扭紧的橡筋束或其他有较大弹性的物体来使螺旋桨旋转产生推力，使航空模型滑翔，国外也称为延伸式动力航空模型，如图 8-5 所示。比赛时，除计时是从航空模型出手时开始以外，其他比赛方法同 F1A-国际级牵引模型滑翔机。

### 3. F1C-国际级自由飞航空模型

F1C-国际级自由飞航空模型是以活塞发动机为动力，驱动螺旋桨产生推力，把航空模型拉或者推向空中，最后转入自由滑翔的航空模型，如图8-6所示。活塞发动机的气缸容积在2.5mL以下。国际上称为国际级活塞发动机航空模型，中国惯称为国际级自由飞航空模型。比赛方法除限制发动机工作时间不得超过7s以外，其他要求同F1B-国际级橡筋航空模型。

图 8-4　F1A-国际级牵引模型滑翔机比赛图　　图 8-5　F1B-国际级橡筋航空模型比赛图

图 8-6　F1C-国际级自由飞航空模型比赛图

## 8.2.2 线操纵圆周飞行类

线操纵圆周飞行类航空模型（F2）是装有活塞发动机或喷气发动机的航空模型。航空模型在飞行过程中，由地面的运动员通过一根或几根钢丝或钢索操纵航空模型，通过改变舵面的角度来达到改变模型飞行姿态和模型距地面高度的目的。由于航空模型的飞行方式是围绕运动员做圆形轨迹飞行的，故称为线操纵圆周飞行航空模型。线操纵圆周飞行类航空模型有F2A-国际级线操纵竞速航空模型、F2B-国际级线操纵特技航空模型、F2C-国际级线操纵小组竞速航空模型、F2D-国际级线操纵空战航空模型。

### 1. F2A-国际级线操纵竞速航空模型

F2A-国际级线操纵竞速航空模型是专门用于竞速比赛的航空模型，如图 8-7 所示。比赛时，运动员在场地中央控制航空模型起飞，起飞后当航空模型速度达到一定的值时，运动员将操纵手把放入位于场地中心的手叉上，此时测速裁判员开始测速，直至航空模型飞满 10 圈（1km）后停止测速及航空模型的飞行。每场比赛，每个航空模型可飞行三次，取最快一次的速度作为该运动员的正式比赛成绩。

### 2. F2B-国际级线操纵特技航空模型

F2B-国际级线操纵特技航空模型是以活塞发动机为动力，完成规定特技动作的航空模型，如图 8-8 所示。比赛时，运动员在 7min 内按照规定顺序完成下列动作：起动发动机、起飞、双过顶、内筋斗、倒飞、外筋斗、内方筋斗、外方筋斗、内三角筋斗、横 8 字、正方横 8 字、竖 8 字、竖三角 8 字、头顶 8 字、4 叶玫瑰线和着陆等。

 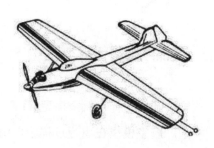

图 8-7 F2A-国际级线操纵竞速 图 8-8 F2B-国际级线操纵特技
航空模型示意图 航空模型示意图

### 3. F2C-国际级线操纵小组竞速航空模型

F2C-国际级线操纵小组竞速航空模型是小组进行竞速的航空模型，航空模型以气缸容积不超过 2.5mL 的活塞发动机为动力，如图 8-9 所示。航空模型的外形是半像真式的。比赛时，把三个小组编在一个飞行圈里同时飞行，国外称为编组竞速，国内称为小组竞速。

图 8-9 F2C-国际级线操纵小组竞速航空模型示意图

### 4. F2D-国际级线操纵空战航空模型

F2D-国际级线操纵空战航空模型比赛时，在航空模型尾部系一条长 3m 的彩色纸带，两名运动员各自操纵一架航空模型来"咬"对方尾部的纸带，以切断对方尾部纸带，如图 8-10 所示。两名运动员站在同一个操纵圈内，操纵圈的直径为 6m。线操纵空战比赛是唯一一个直接对抗性的比赛项目。

图 8-10　F2D-国际级线操纵空战航空模型比赛图

## 8.2.3　无线电遥控飞行类

无线电遥控飞行类航空模型是指航空模型由地面的运动员通过无线电遥控设备操纵它的各个舵面，从而改变作用于航空模型的空气动力，进一步改变它的飞行姿态、航向和速度等，最后完成规定的特技动作或飞行。

### 1. F3A-国际级发动机特技航空模型

F3A-国际级发动机特技航空模型是一种以活塞发动机为动力，完成特技动作的航空模型，如图 8-11 所示。比赛时，运动员在规定时间内按顺序完成一系列动作：起飞、双半筋斗翻转、侧飞内筋斗、半滚竖 8 字、漫滚、大礼帽、横 8 字、1/4 滚 M 字、外筋斗、螺旋、水平横滚、着陆等。

### 2. F3B-国际级遥控模型滑翔机

F3B-国际级遥控模型滑翔机是一种没有推进装置的无线电遥控航空模型，如图 8-12 所示。模型滑翔机以牵引、弹射等方式起飞，进行留空时间、距离和速度等项目的综合比赛。

图 8-11　F3A-国际级发动机特技航空模型

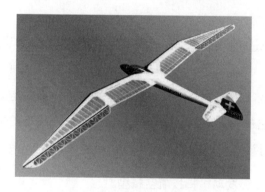

图 8-12　F3B-国际级遥控模型滑翔机

### 3. F3C-国际级直升机模型

F3C-国际级直升机模型是一种通过垂直轴旋转的旋翼系统获得升力和水平推进力的航空模型，如图 8-13 所示。它是由地面运动员利用无线电遥控设备来操纵模型实现各类飞行动作的一种航空模型。

图 8-13　F3C-国际级直升机模型比赛图

#### 8.2.4 像真航空模型类

F4-像真航空模型是一种按一定比例缩小能载人并成功地飞行的航空器而制作的航空模型，如图 8-14 所示。像真航空模型按控制方式分为：自由飞行像真航空模型、线操纵像真航空模型和无线电遥控像真航空模型等。

图 8-14　F4-像真航空模型

航空模型竞赛项目除上述由国际航联规定的国际级锦标赛以外，各国的航空模型组织还特意举办一些适合不同年龄段人群的项目。一般来说，这些项目适于普及，对运动员的技术要求比较低，对模型尺寸要求较低，对飞行场地要求也不高。

## 8.3 航空模型运动大赛

### 8.3.1 中国国际飞行器设计挑战赛

中国国际飞行器设计挑战赛暨科研类全国航空航天模型锦标赛（CADC）由国家体育总局、教育部和科技部联合主办，自 2004 年起开始举办。赛事以体育竞赛为平台，参赛对象主要为在校大学生，分为竞赛项目和科技创新项目，通过参赛选手自行制作航空航天模型进行飞行竞赛，检验创新作品的可行性、可靠性和实用性，进一步挖掘、拓展大学生的科技创新能力，为航空工业和国防建设搭建一个发掘创新后备人才、检验创新作品的平台。2016 年，镇江 CADC 开幕式表演如图 8-15 所示。

图 8-15　开幕式表演

中国国际飞行器设计挑战赛暨科研类全国航空航天模型锦标赛本着公平、公正、公开、安全的原则，鼓励创新、节俭、自主设计制作参赛作品。比赛共有限时载运空投、模拟搜救、太阳能飞机、垂直起降载运、对地侦察与打击、模型火箭运载与返回、限距载重空投和电动滑翔机八个项目，各学校参赛队可自由选择参加一个或多个项目。

### 1. 限时载运空投项目

限时载运空投项目指遥控内燃机航空模型搭载一定质量的载荷从起降区起飞，飞行至投放区上空一定高度后将载荷释放，航空模型安全返场，循环往返直至比赛结束。比赛以搭载质量大、投放准确取胜。模型的动力只允许使用总工作容积不超过指定容积的甲醇发动机（无减速器发动机限 6.5cc，带减速器发动机限 3.5cc，$1cc=1cm^3 \approx 1mL$），模型的空载质量在无燃油的情况下不大于 3.00kg。图 8-16 为 2017 年某高校的参赛机。

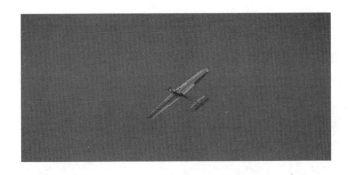

图 8-16    限时载运空投参赛飞机

### 2. 模拟搜救项目

模拟搜救项目指模型直升机从起降区起飞，飞行至救援物资存放区，通过机载图像设备寻找、选定并自动拾取某一特定的救援物资，如图 8-17 所示。飞越障碍后将该救援物资投放给待救区内特定的待救对象，完成一趟搜救任务。循环往复直至该轮次比赛结束。比赛以任务完成迅速准确取胜。该项目要求只允许使用内燃机或电动机为动力的模型直升机，且内燃机的工作容积须在 15cc（91 级，含 91 级）以下；电池空载电压须在 51V 以下；不允许使用自驾仪；每个飞行组在比赛中最多使用两架模型；模型直升机应通过无线机载图像设备搜索目标，只允许使用机械装置对救援物资进行拾取和释放，不得以人工的方式进行；不允许使用物理摇杆（或虚拟摇杆）对机械装置进行控制，可能带有物理摇杆的设备包括航空模型遥控器、游戏手柄、模拟飞行摇杆等。

### 3. 太阳能飞机项目

太阳能飞机项目的航空模型以太阳能电池为唯一动力源，采用无线电遥控设备操纵的航空模型，通过滑跑方式起飞，并装载一定的载重物。以载重和留空时间多者为胜，如图 8-18 所示。太阳能飞机项目要求除飞机的太阳能电池以外，不允许有任何形式的储能装置为电动机提供动力。接收机和舵机可以使用单独接收机电池供电，但接收机电池必须与太阳能电池在电路上采用双接收机进行物理隔离。另外，航空模型空机总质量（不包括接收机电池）应不低于 2kg、不高于 3kg。

图 8-17 模拟搜救自动识别抓取中

图 8-18 太阳能飞机

### 4. 垂直起降载运项目

垂直起降载运项目指遥控模型从起降区搭载一定载重物起飞，顺时针绕标杆飞行两圈，飞行至投放区上空投放载荷后，安全返回起降区降落，循环往返直至比赛结束。比赛以限时内有效投放载荷总质量大者取胜。图 8-19 所示为比赛选手在放置载荷。该项目要求模型动力必须为电动，动力电池质量不得超过 80g，且电动机数量不超过两个。另外，模型起飞时不得借助外力或其他装置，模型可带动力着陆，但必须在螺旋桨停止转动后，方可进行装载载重物为直径 150mm 的泡沫球。不限制载重物的装载方式。

图 8-19 放置载荷

### 5. 对地侦察与打击项目

对地侦察与打击项目指操纵便携式固定翼航空模型对未知区域进行侦察活动，根据采集的数据分辨目标，并对指定目标实施即时打击。该项目以侦察准确度、即时打击精度及任务用时来计分，旨在培养学生自主研制航空模型的能力，为无人机侦察打击领域积累知识和技能。图 8-20 所示为选手手掷模型起飞。该项目要求仅限使用电动机数量不超过两个，且必须具备标准载重物搭载能力的固定翼航空模型，航空模型及所有相关设备必须全部且完全地置于长方体箱子内，该箱子外部尺寸的长宽高之和不大于1600mm，箱子需有足够的强度保证比赛期间不出现破损。

图 8-20　手掷航空模型起飞

### 6. 模型火箭运载与返回项目

模型火箭运载与返回项目指用模型火箭运载有效载荷发射到一定高度，分离后，有效载荷自动控制返回至指定落点完成任务。图 8-21 所示为固体火箭发射，该项目要求参赛组可以使用水火箭或固体火箭发动机，固体火箭发动机仅限使用标准 C6-0 或 C6-4 成品固体火箭发动机（中天火箭公司生产），数量不超过六枚。模型火箭必须采用竖直起飞方式，飞行过程中模型火箭俯仰角不得小于 60°，且模型火箭发射到一定高度后分离，从分离到最先下落部分触地，时间不得小于10s。比赛全程不得使用任何遥控设备，有效载荷可自主控制着陆到指定区域，有效载荷降落后不得自主移动，降落伞必须在有效载荷触地后自动解除连接。发射过程顺利且有效载荷距离着陆区近者获胜。

### 7. 限距载重空投项目

限距载重空投项目指遥控电动航空模型搭载一定质量的载荷从起降区起飞，飞行至任务区上空一定高度后将载荷投放，航空模型安全返场，完成比赛任务，如图 8-22 所示。比赛以装载质量大、投放准确取胜。该项目要求模型动力必须使用 3S 锂聚合物电池，最高电压不得超过 12.6V，且模型空载质量小于等于 1kg；装载质量不得低于 2kg，模型必须以滑跑的方式从起飞线前起飞，滑跑距离不得超过 25m（以前起落架为准），起飞不得借助外力或其他装置。模型可带动力着陆，但必须在接触地面后关闭发动机，模型接触地面且螺旋桨停止旋转后方可触及模型。

图 8-21　火箭发射

图 8-22　限距载重空投模型起飞

## 8. 电动滑翔机项目

电动滑翔机项目指以电动机为动力源，用无线电遥控设备操纵，模型升空后进行无动力滑翔飞行，并最终在指定区域着陆，如图 8-23 所示。以留空时间和定点着陆准确度确定名次。该项目要求选手利用电动机动力装置使航空模型爬升到合适高度，然后关闭电动机进行无动力滑行，在关闭电动机（螺旋桨停止转动）后开始计算留空时间，动力时间不计入留空时间，每次飞行过程中只允许开启一次动力。

图 8-23　电动滑翔机

### 8.3.2 中航工业杯国际无人飞行器创新大赛

中航工业杯国际无人飞行器创新大赛是中国航空学会与中国航空工业集团公司联合主办的，以无人机为主的大型综合性航空科技大赛。整个比赛由创意赛、竞技赛、国际航模大师秀、创新论坛、创新作品展五部分组成。创意赛和竞技赛是整个赛事的核心，创意赛倡导和推动创新，鼓励飞行原理、气动布局、机构结构、控制系统等方面一切形式的创意创新，是该赛事最独特的部分；竞技赛主要考察参赛作品完成竞技任务的能力。大赛还要求参赛者通过设计制作，现场介绍与答辩飞行演示环节，把新飞行器创意展示出来。

#### 1. 创意大奖赛

创意大奖赛倡导飞行器原始创新，旨在对于当前飞行器的各种不足的改进和人们已知认识的创新，对飞行器的样式和尺寸不做限制。风刃飞行器，如图 8-24 所示；"旋龙"纵横飞变向飞行器，如图 8-25 所示。这两款飞行器结构布局新颖，进行了飞行原理的创新和气动布局的创新。参赛作品要求为可依靠自身动力离地飞行和着陆的不载人新型飞行器。参赛队员通过设计方案介绍、现场答辩和飞行演示三个环节，表达飞行器的创新性、可实现性、可用性。

图 8-24　风刃飞行器　　　　图 8-25　"旋龙"纵横飞变向飞行器

### 2. 竞技大奖赛

参赛无人飞行器须依靠自身动力、以全程自动控制的方式，在规定的时间内起飞、飞行（按规定航线）和降落（定点拦阻着陆）。按照参赛飞行器完成任务的能力和符合程度，进行评分和综合排序。

参赛飞行器仅限固定翼及前三点式起落架，翼展尺寸不得低于 2m 且不得高于 4m，起飞质量（含燃油或电池）应介于 5～20kg，航空模型的动力系统除燃气喷气发动机和火箭式发动机外不限，航空模型的控制方式为自动控制，飞行器须设置保证安全的应急人工遥控装置，航空模型的起飞方式仅限动力滑行起飞，航空模型的着陆方式仅限带动力滑跑方式拦阻着陆，但是禁止以失速方式降落。

## 8.3.3　国外航空模型运动大赛

### 1. 美国 SAE 国际航空设计大赛

美国汽车工程师学会和洛克希德·马丁公司于 1986 年发起举办的 SAE 国际航空设计大赛是一项专门为大学生设立的著名航空科技大赛。随着赛事的发展，参赛的规模和赛事的影响越来越大。大赛发展至今，规模和影响不断壮大，在全球范围内受到越来越多高校的重视。该赛事分微型组、普及组和高级组三个级别的比赛，在 2012 年，北航代表队参加了高级组的比赛，并获得冠军。

高级组比赛规则简介：航空模型携带一定质量完成起飞，经一定航线后安全着陆，航空模型均配有质量较大的飞机模型，距离越短，获得的成绩越高。飞机的起飞质量不大于 24.9kg，包括航空模型的质量与装载重物的质量。此外还要提交一份全英文设计报告，并且在现场进行英文答辩（见图 8-26）和模型展示（见图 8-27）。

图 8-26　英文答辩　　　　　　　　　图 8-27　模型展示

### 2. 欧洲大学生载重飞机挑战赛

2003 年，葡萄牙航空航天协会创办的欧洲大学生载重飞机挑战赛（Air Cargo Challenge，ACC）是欧洲各国大学间的一项极具挑战性的著名航空科技大赛。2007 年，ACC 升级成一项国际级赛事，每两年举办一届。

比赛的流程分为三个环节：飞机设计技术答辩、飞机技术报告和图样及现场飞行。三个环节得分的加权之和的排名就是最后的排名，这三个环节在总体上是对每一队在飞机的总体设计、飞机的制作过程、飞机的飞行技术，以及整体项目的交流和展示等方面能力的综合考核。飞行比赛共有五轮，航空模型在起飞时有 60m 的滑跑距离限制，飞行前航空模型还要进行机翼结构强度测试等。

2011 年，清华大学代表队首次走出国门参加这项比赛，并获得季军；2013 年清华大学代表队最终斩获亚军，北京航空航天大学代表队获得总分第三名。图 8-28 所示为清华大学答辩现场，图 8-29 所示为飞机起飞时的比赛现场。

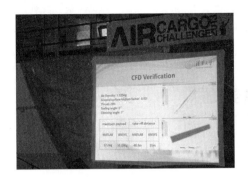 

图 8-28　清华大学答辩现场　　　　图 8-29　飞机起飞

　　国外的航空模型比赛更像是在做一项工程，包括设计报告、设计图样、答辩展示每一部分都有独自的分值，都在总分中占有一定比重，而飞行成绩只占总分的一部分。答辩和现场展示的环节则是国内外航空模型比赛的闪光点，队员抱着交流学习、展示自我的心态与其他队讨论争辩存疑点，在舞台上展示自己的设计亮点，大大促进了技术的交流，更好地为航空航天事业注入青春力量。

# 参考文献

[1]　吕涛. 遥控航模飞机入门新编[M]. 北京：航空工业出版社，2007.

[2]　谭楚雄. 航空模型调整原理[M]. 北京：航空工业出版社，2001.

[3]　吕涛. 遥控航空模型入门[M]. 北京：航空工业出版社，2001.

[4]　李仁达. 航空模型的构造原理与制作工艺[M]. 北京：航空工业出版社，2008.

[5]　陈康生. 现代航空模型制作工艺[M]. 北京：航空工业出版社，2010.

[6]　李斌，吕文清. 青少年科普活动经典案例——教师篇[M]. 北京：北京邮电大学出版社，2012.

[7]　周露. 航空航天知识与技术[M]. 北京：国防工业出版社，2013.

[8]　民航教程编委会. 民航概论[M]. 北京：经济日报出版社，2015.

[9]　闻新. 航空航天知识与技术[M]. 北京：国防工业出版社，2015.

[10]　王重华，孙梅. 民航基础知识[M]. 北京：化学工业出版社，2013.

[11]　孟兆锋. 硬币起飞试验的感想——流体力学现象的研究[J].科技资讯，2005，22：129-130.

[12]　袁宏斌. 中国少年儿童百科全书[M]. 北京：中国戏剧出版社，2010.

[13]　洪斯君. 图解家装水电工技能速成[M]. 北京：化学工业出版社，2015.

[14]　瑞烨. 军事纵横[M]. 石家庄：河北科学技术出版社，2013.

[15]　墨彩书坊编委会. 中国少年儿童百科全书[M]. 北京：旅游教育出版社，2014.

[16]　墨人. 孩子一生必读的交通百科[M]. 北京：中国戏剧出版社，2010.

[17] 崔钟雷. 最新图说中国少年儿童百科全书：科学技术卷[M]. 长春：吉林美术出版社，2010.

[18] 常丁丁. 手把手教你做航模[M]. 北京：北京燕山出版社，2013.

[19] 古清杨，冯丽.飞行器知识[M]. 呼和浩特：远方出版社，2005.

[20] 《中国航空百科词典》编辑部. 中国航空百科词典[M]. 北京：航空工业出版社，2000.

[21] 《中国大百科全书》总编委会. 中国大百科全书[M]. 北京：中国大百科全书出版社，2002.

[22] 谢宇. 联接的纽带——交通运输[M]. 南昌：百花洲文艺出版社，2010.

[23] 栾恩杰，张钟林. 国防科技名词大典航空[M]. 北京：航空工业出版社，2002.

[24] 中国大百科全书总编辑委员会. 中国大百科全书[M]. 北京：中国大百科全书出版社，2002.

[25] 史旼. 交通工具发明趣史[M]. 上海：世界图书出版公司，2014.

[26] 王文利，郭边宇. 航天航空器械[M]. 呼和浩特：远方出版社，2005.

[27] 刘清廷. 冰峰的秘密[M]. 合肥：安徽美术出版社，2013.

[28] 张广亮. 百科知识大全：航天卷[M]. 呼和浩特：远方出版社，2008.

[29] 墨人. 最实用的交通百科[M]. 彩色插图版. 长春：吉林出版集团有限责任公司，2011.

[30] 汪乐兴. 21 世纪中国少年儿童百科全书[M]. 自然环境与科学常识卷. 北京：北京工业大学出版社，2015.

[31] 杨阳，储祝颖. 基于 APM 开源飞控平台的四轴旋翼飞行器[J]. 信息通信，2015，08：68.

[32] 刘芳. 趣味科学馆丛书改变历史进程的发明[M]. 合肥：安徽文艺出版社，2012.

[33] 许慧远. 大学生国防知识与军事理论[M]. 北京：电子工业出版社，
     2010.

[34] 朱五红. 21 世纪中国小学生十万个为什么——博览交通常识[M].小学
     高年级版. 北京：北京工业大学出版社，2014.

[35] 刘振宇. 世界之最——军事航天科学技术[M]. 最新图文版 5.北京：京
     华出版社，2007.

[36] 刘芳. 向太空进军[M]. 合肥：安徽文艺出版社，2012.

[37] 黄儒经，吴晓兰. 人类飞翔的历史[M]. 北京：东方出版社，2008.

[38] 王建. 动物中的奥秘[M]. 北京：现代出版社，2012.

[39] 贾玉红. 航空航天概论[M]. 3 版. 北京：北京航空航天大学出版社，
     2013.

[40] 钱正在，钱坤. 军事航空航天技术概论[M]. 北京：国防工业出版社，2014.

[41] 曹国强. 机械工程概论[M]. 北京：航空工业出版社，2008.

[42] 李红军，嵇宁.航空航天概论[M]. 北京：北京航空航天大学出版社，
     2006.

[43] 刘延柱，庄表中. 多旋翼飞行器[J]. 力学与实践,2016,38（3）：338-340.

[44] 史峰，何立明，马晓峰，等. 基于 uC/OS-II 操作系统的无人机飞控系
     统软件设计[J]. 传感器与微系统，2008，27（1）：94-96.

[45] 何湘智，吴晖，王荣春. 基于 uC/OS-II 的无人机飞控系统软件设计[J].
     机械与电子，2010，27（8）：94-96.

[46] 冯帆. 农业机械自动化发展现状[J]. 农业科技与装备,2016(3)：43-44.

[47] 李雅荣. 无人机：现代农业的"新宠"[J]. 江西农业，2014（1）：40.

[48] 扈菲菲，姬江涛，贺智涛，等. 农田环境四旋翼 UAV 信息采集系统
     的设计与试验[J]. 河南科技大学学报（自然科学版），2013(6)：71-74.

[49] 吴利强. 输电线路无人机巡视分析及推广应用[J]. 科技资讯，2017，
     23（3）：63-64.

[50] 杨立波，王旺，刘胜利.海上巡逻救助飞机选型及其基地配备[J]. 上海海事大学学报，2006，27（4）：54-57.

[51] 张广林. 独具特色的倾转旋翼飞机技术[J]. 现代军事，2002（9）：40-42.

[52] 姬江涛，扈菲菲，贺智涛，等. 四旋翼无人机在农田信息获取中的应用[J]. 农机化研究，2013（2）：1-4.

[53] 吴冰莹，戴礼豪，林朝辉. 大型无人机在复杂环境下电力巡检研究[J]. 科技创新导报，2014（28）：26-27.

[54] 大海. 基因武器：未来生物战的恐怖杀手（上）[J].现代军事，2002（9）：37-40.

[55] 贾玉红，马文来. 炫酷机器 航空器知识入门[M]. 北京：北京航空航天大学出版社，2014.

[56] 鲁越，许奎元，邢登江，等. 体育规则实用全书：卷 2[M]. 北京：长江出版社，2003.

[57] 《飞向太空丛书》编委会. 航模也精彩——科技航模的今天与明天[M]. 广州：世界图书出版公司，2009.

[58] 陈剑. 世界前沿技术发展报告 2010[R]. 北京：科学出版社，2011.

[59] 中国科学技术协会. 航空科学技术学科发展报告 2010—2011[R]. 北京：中国科学技术出版社，2011.

[60] 栗琳. 直升机发展历程[M]. 北京：航空工业出版社，2007.

[61] 覃睿，赵嶷飞，黄燕晓. 现代通用航空基础与实务[M]. 北京：科学出版社，2014.

[62] 王槐茂，王云峰. 新编世界上下五千年：第 10 卷[M]. 海拉尔：内蒙古文化出版社，2000.

[63] 中国航空学会. 2014（第五届）中国无人机大会论文集[G]. 北京：航空工业出版社，2014.

[64] 卢晨泉. 官兵文体活动大全[M]. 北京：解放军出版社，1990.

[65] 程津培，科学技术部专题研究组. 世界前沿科技发展报告[R]. 北京：科学出版社，2006.

[66] 张德和. 从竹蜻蜓到直升机——旋翼发展之路[M]. 北京：中国科学技术出版社，2011.

# 反侵权盗版声明

　　电子工业出版社依法对本作品享有专有出版权。任何未经权利人书面许可，复制、销售或通过信息网络传播本作品的行为；歪曲、篡改、剽窃本作品的行为，均违反《中华人民共和国著作权法》，其行为人应承担相应的民事责任和行政责任，构成犯罪的，将被依法追究刑事责任。

　　为了维护市场秩序，保护权利人的合法权益，我社将依法查处和打击侵权盗版的单位和个人。欢迎社会各界人士积极举报侵权盗版行为，本社将奖励举报有功人员，并保证举报人的信息不被泄露。

举报电话：（010）88254396；（010）88258888

传　　真：（010）88254397

E-mail：　dbqq@phei.com.cn

通信地址：北京市万寿路 173 信箱

　　　　　电子工业出版社总编办公室

邮　　编：100036